"十三五"职业教育规划教材

（第二版）

画法几何及机械制图

主　编　孙京平　孙　爽

副主编　李国琴　罗陆锋

编　写　刘富凯　张　宇　万红艳　魏　伟

主　审　孙占木　张铁城

U0235994

中国电力出版社

CHINA ELECTRIC POWER PRESS

内 容 提 要

本书为"十三五"职业教育规划教材。全书共分九章，主要内容包括投影基础知识，制图的基本知识，体的投影与三视图，组合体，机件形状的表达方法，标准件和常用件，零件图，装配图，轴测图。在编写过程中，加强了读图、测绘、徒手画草图和计算机绘图等内容；精简、删除了部分偏而深的内容。本书全面采用最新的国家标准，文字叙述简明扼要，通俗易懂，概念准确，表达严谨。

本书可作为高职高专院校机械类各专业的教材，也可作为机械工程技术人员的参考书。

图书在版编目（CIP）数据

画法几何及机械制图/孙京平，孙爽主编 . —2 版 . —北京：中国电力出版社，2016.2

"十三五"职业教育规划教材

ISBN 978 - 7 - 5123 - 8419 - 4

Ⅰ. ①画… Ⅱ. ①孙…②孙… Ⅲ. ①画法几何—职业教育—教材②机械制图—职业教育—教材 Ⅳ. ①TH126

中国版本图书馆 CIP 数据核字（2015）第 242326 号

中国电力出版社出版、发行

（北京市东城区北京站西街 19 号　100005　http：//www. cepp. sgcc. com. cn）

北京丰源印刷厂印刷

各地新华书店经售

*

2006 年 3 月第一版

2016 年 2 月第二版　2016 年 2 月北京第五次印刷

787 毫米×1092 毫米　16 开本　12.75 印张　308 千字

定价 **25.00** 元

本书为"十三五"职业教育规划教材，是根据教育部审定的机械设计制造类专业主干课程的教学大纲编写而成，供高等职业教育机械设计制造类专业教学使用。

本次修订是在2006年第一版的基础上，吸取了教学改革、技能考核和计算机绘图教学的经验，体现了职业教育的性质、任务和培养目标，符合职业教育的课程教学基本要求和有关岗位资格和技术等级要求；具有思想性、科学性、适合国情的先进性和教学适应性；符合职业教育的特点和规律，具有明显的职业教育特色；符合国家有关部门颁发的技术质量标准。本书既可以作为学历教育教学用书，也可作为职业资格和岗位技能培训用书。

本书针对高等职业教育培养应用人才、重在实践能力和职业技能训练的特点，在教材编写过程中，基础理论贯彻"实用为主，够用为度"的教学原则，并以掌握概念、强化应用、培养技能为教学重点。书中注重理论联系实际，将投影理论与图示应用相结合，强化了工程素质教育。本书文字叙述简明扼要，通俗易懂，概念准确，表达严谨。

在修订过程中，按照高职高专教育的培养目标和特点，全面采用了最新的国家标准，结合制图教学改革和技能考核的实践经验，加强了读图、测绘、徒手画草图、轴测图和计算机绘图等内容；更新了计算机绘图及零件图中的表面粗糙度、极限与配合、几何公差等内容；删除了第一版中换面法的内容；本书第一章第四节加"※"，可根据专业、学时灵活掌握。

本书由孙京平、孙爽主编。第一、三章由孙爽编写；第二、四章由李国琴编写；第五章由魏伟、张宇编写；第六、七章由孙京平编写；第八章由刘富凯、万文艳编写；第九章由罗陆峰编写。

本书由天津大学孙占木教授和天津职业技术师范大学的张铁城教授审阅，对他们提出的很多宝贵意见表示衷心的感谢。

由于编者水平所限，书中难免疏漏之处，恳请读者批评指正。

编　者

2015 年 11 月

第一版前言

本书为教育部职业教育与成人教育司推荐教材，是根据教育部审定的机械设计制造类专业主干课程的教学大纲编写而成的，并列入教育部《2004～2007年职业教育教材开发编写计划》，供高等职业教育机械设计制造类专业教学使用。

本书体现了职业教育的性质、任务和培养目标；符合职业教育的课程教学基本要求和有关岗位资格和技术等级要求；具有思想性、科学性、适合国情的先进性和教学适应性；符合职业教育的特点和规律，具有明显的职业教育特色；符合国家有关部门颁发的技术质量标准。本书既可以作为学历教育教学用书，也可作为职业资格和岗位技能培训教材。

本书针对高等职业教育培养应用人才、重在实践能力和职业技能训练的特点，在教材编写过程中，基础理论贯彻了"实用为主，够用为度"的教学原则，并以掌握概念、强化应用、培养技能为教学重点。书中注重理论联系实际，将投影理论与图示应用相结合，强化了工程素质教育。本教材文字叙述力求简明扼要，通俗易懂，概念准确，表述严谨。

按照高职高专教育的培养目标和特点，结合制图教学改革实践经验，在编写本书的过程中，加强了读图、测绘、徒手画草图和计算机绘图等内容；精简、删除了部分偏而深的内容；全面采用了最新的国家标准。

本书由孙爽主编，魏伟、李国琴副主编。第一、三、八章由孙爽编写；第二、四章由李国琴编写；第五、六章由魏伟编写；第七章由刘富凯、万文艳编写。

本书由天津大学孙占木教授和天津工程师范学院的张铁成教授审阅。对他们提出的很多宝贵意见表示衷心的感谢。

由于编者水平有限，加上编写时间仓促，书中难免存在错误和不足，恳请读者批评指正。

编　者

2005 年 11 月

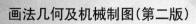
目　录

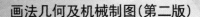
第一章 投影基础知识

在机械制造等行业中，指导生产加工及制造全过程的最重要的技术文件之一，是二维的工程图样，用以表达三维工程对象的形状、大小及相关技术要求等，它与文字、数字一样，是人们交流设计思想、表达工程要求，记录创新灵感的重要工具，素有工程语言之称。

工程图样的重要组成部分之一是一组二维的平面图形，它与三维的工程对象有着准确的对应关系，遵循一定的转换法则。任何一名工程技术人员都必须熟练运用这些法则，找到三维工程对象与二维平面图形之间的对应关系。实施这一过程的理论基础就是投影原理。

第一节 投影法概述

想象用日光或用人工光线照射物体，在物体后面的平面上（如地面或墙面）就会形成影像，这一影像与物体之间存在着的几何关系，经人们观察、分析和总结逐步产生和形成了现在使用的投影法则。依据投影法则，人们就能利用平面图形正确地表达物体的形状。物体在投影面上的影像称投影，而获得此影像的方法称投影法。

一、中心投影法

如图 1-1（a）所示。投射线由投射中心 S 出发，通过物体（三角板）ABC 上各点，与投影面 P 相交，形成了 ABC 的影像 abc。这种所有投射线都交于投射中心 S 的投影方法称中心投影法。在日常生活中，照相、电影和人观察物体时的影像都属于中心投影法。

虽然这种投影的直观性好，但当物体与投射中心和

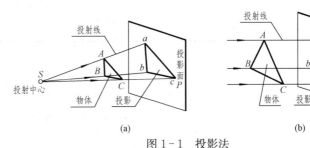

图 1-1 投影法
(a) 中心投影法；(b) 平行投影法

投影面的相对位置发生变化时，影像也会随之变化，而且一般不反映物体的实际形状和大小，度量性较差，因此在工程图样中不采用中心投影法。

二、平行投影法

若把投射中心 S 移至无限远处，则投射线相互平行，如图 1-1（b）所示，这种投射线相互平行的投影法称为平行投影法。

在平行投影法中投影大小与物体和投影面之间距离无关，度量性好。例如，在图 1-1（b）中当三角板 ABC 与投影面平行时，其形状和大小在该投影面上的投影完全相同。

1. 平行投影法分类

按投影方向相对于投影面的关系，平行投影法分为两种：

（1）正投影法。投射线与投影面相垂直的平行投影法。工程图样中主要采用这种方法绘

制图形，如图 1-2（a）所示。后面章节如无特殊说明，均指这种投影方法。

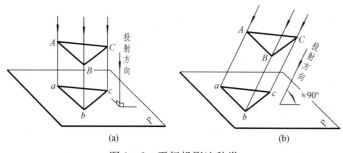

图 1-2　平行投影法种类

(a) 正投影法；(b) 斜投影法

（2）斜投影法。投射线与投影面相倾斜的平行投影法，如图 1-2（b）所示。

2. 平行投影的特性

平行投影有以下特性：

（1）真形性。平行于投影面的线段其投影反映实长，平行于投影面的平面图形其投影反映实形。如图 1-3（a）中，$ab=AB$，$\triangle cde$ 全等于 $\triangle CDE$。

（2）定比性。定比性是指直线上两线段之比等于其投影长度之比。如图 1-3（b）中，$AC:CB=ac:cb$。

（3）平行性。若空间两线段平行，则它们的投影亦平行。如图 1-3（c）中，$AB/\!\!/CD$，$ab/\!\!/cd$。

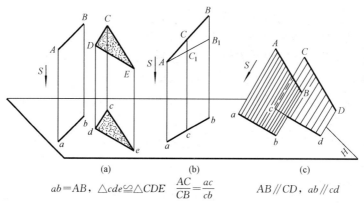

$ab=AB$，$\triangle cde\cong\triangle CDE$　　$\dfrac{AC}{CB}=\dfrac{ac}{cb}$　　$AB/\!\!/CD$，$ab/\!\!/cd$

图 1-3　平行投影法特性

(a) 真形性；(b) 定比性；(c) 平行性

第二节　点的投影规律

如图 1-4 所示，过空间点 A 作投射线垂直于投影面 H，投射线与 H 面的交点 a 为空间点 A 在 H 面上的投影。因为过投影 a 的垂线上所有点（如点 A、A_1、A_2、…、A_1）的投影都是 a。所以，已知点 A 的一个投影 a 是不能唯一确定空间点 A 的位置的。

一、点的三面投影及规律

要确定空间点的位置，可增加投影面。建立用水平和铅垂的两投影面构成的两投影面体系，它将空间分成四个区域，即四个分角，如图 1-5（a）所示。也可建立如图

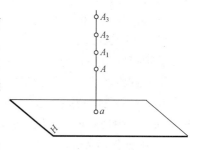

图 1-4　点的一个投影不能唯一确定空间点的位置

1-5 (b) 所示互相垂直的三投影面体系，三个相互垂直的投影面，分别称为 V 面、H 面、W 面，三投影面的交线 OX、OY、OZ 称为投影轴，三投影轴的交点为原点 O。

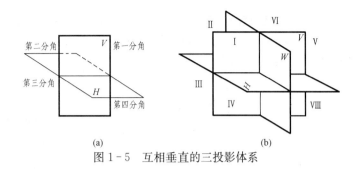

图 1-5　互相垂直的三投影体系

如图 1-6 (a) 所示的第一分角中，空间点及其投影的标记规定为：空间点用大写字

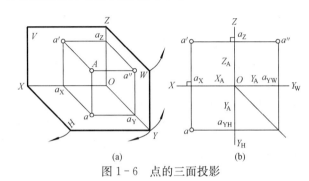

图 1-6　点的三面投影

母如 A、B、C、…表示，V 面投影用相应的小写字母加一撇如 a'、b'、c'、…表示，H 面投影用相应的小写字母如 a、b、c、…表示，W 面投影用相应的小写字母加两撇如 a''、b''、c''、…表示。

将点 A 向三投影面投射得到其三面投影 a'、a、a'' 后，为了把空间三投影面的投影画在同一平面上，规定 V 面不动，将 H 面绕 X 轴向下旋转 90°，W 面绕 OZ 轴向右旋转 90°，OY 轴一分为二，即随 H 面旋转的用 OY_H 标记，随 W 面旋转的用 OY_W 标记，便得到点 A 的三面投影，见图 1-6 (b)。由图 1-6 可以得出：

(1) 点 A 的 V 面投影和 H 面投影的连线垂直于 OX 轴，即 $a'a \perp OX$；

(2) 点 A 的 V 面投影和 W 面投影的连线垂直于 OZ 轴，即 $a'a'' \perp OZ$；

(3) 点 A 的 H 面投影 a 到 OX 轴的距离等于点 A 的 W 面投影 a'' 到 OZ 轴的距离，即 $aa_X = a''a_Z$，作图时可以用圆弧或 45° 线反映它们的关系。

由以上分析可以得到点在三投影面体系的投影规律：点的 V 面投影和 H 面投影、V 面投影和 W 面投影的连线分别垂直于相应的投影轴；点的投影到投影轴的距离等于点到相应投影面的距离。

如果把投影面体系看作直角坐标系，把投影面 H、V、W 作为坐标面，投影轴作为坐标轴，则 A 点的直角坐标 (x，y，z) 便是点 A 分别到 W、V、H 面的距离，即点的 X 坐标反映点到 W 投影面的距离；点的 Y 坐标反映点到 V 投影面的距离；点的 Z 坐标反映点到 H 投影面的距离。

点的一个投影由其中的两个坐标所决定：V 面投影 a' 由 X_A 和 Z_A 确定，H 面投影 a 由 X_A 和 Y_A 确定，W 面投影 a'' 由 Y_A 和 Z_A 确定。点的任意两个投影包含了点的三个坐标，由此可以得到：点的两面投影能唯一确定点的空间位置。因此，根据点的三个坐标值和点的投影规律，就能作出该点的三面投影图，也可以由点的两面投影补画出点的第三面投影。

【例 1-1】 已知点 A (20，15，24)，求点 A 的三面投影。

作图：

(1) 画坐标轴（X、Y_H、Y_W、Z）；在 X、Y、Z 轴上分别量取 $Oa_X = 20$；$Oa_{YH} = 15$；

$Oa_Z=24$［如图 $1-7$（a）］；

（2）根据点的投影规律：点的投影连线垂直于投影轴。分别过 a_X 作 OX 的垂直线、过 a_Z 作 Z 轴的垂直线，两垂直直线的交点得到点 A 的 V 面投影 a'，过 a_{YH} 作 OY_H 轴的垂直线与 $a'a_X$ 的延长线相交得点 A 的 H 面投影 a［如图 $1-7$（b）］；

（3）过原点 O 作 $\angle Y_H OY_W$ 的角平分线［如图 $1-7$（b）］；

（4）延长 aa_{YH} 与角平分线相交，再过交点作垂直于 OY_W 的直线；

（5）过 a' 作 Z 轴的垂线与垂直 OY_W 的直线相交于 a''，即为点 A 的 W 面投影 a''［如图 $1-7$（c）］。

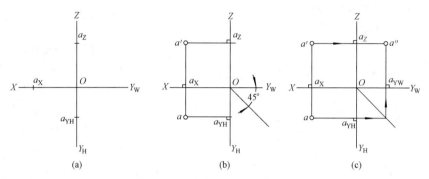

图 $1-7$　求点 A 的三面投影

二、点的相对位置

空间两点上下、左右、前后的相对位置可根据它们在投影图中的各组同面投影来判断。也可以通过比较两点的坐标来判断它们的相对位置，即 X 坐标大的点在左方；Y 坐标大的点在前方；Z 坐标大的点在上方。

如图 $1-8$ 所示的空间点 A、B，由 V 面投影可判断出 A 在 B 的左方、上方，由 H 面投影可判断出 A 在 B 的左方、前方，由 W 面投影可判断出 A 在 B 的前方、上方，因此，由三面投影或两面投影就可以判断点 A 在点 B 的左、前、上方。

三、重影点

如果空间两点有两个坐标相等，一个坐标不相等，则两点在一个投影面上的投影就重合为一点，此两点称为对该投影面的重影点。如图 $1-9$ 所示，点 B 在点 A 的正前方，则两点 A、B 是对 V 面的重影点。

重影点要判别可见性，其方法是：比较两点不相同的那个坐标，其中坐标大的可见。例如两点 A、B 的 X 和 Z 坐标相同，Y 坐标不等，因 $Y_B>Y_A$，因此，b' 可见，a' 不可见（加括号即表示不可见）。

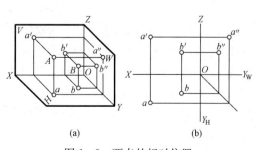

图 $1-8$　两点的相对位置

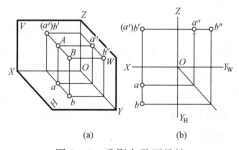

图 $1-9$　重影点及可见性

第三节 直线的投影特性

两点确定一条直线，连接直线上两端点的各组同面投影，就得到该直线的投影。如图 1 - 10 所示，分别连接直线 AB 上两端点的同面投影 ab、a'b'、a"b" 即得直线 AB 的投影。直线的投影一般仍是直线。

按照直线对三个投影面的相对位置，可以把直线分为三类：一般位置直线、投影面平行线、投影面垂直线，后两类直线又称为特殊位置直线。

1. 一般位置直线

一般位置直线是与三个投影面都倾斜的直线（图 1 - 10）。

（1）三面投影都倾斜于投影轴；

（2）投影长度均比实长短，且不能反映直线与投影面倾角的真实大小。直线对 H、V、W 面的倾角分别用 α、β、γ 表示。

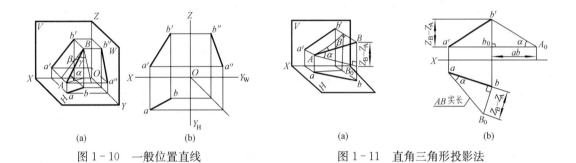

图 1 - 10　一般位置直线　　　　　　图 1 - 11　直角三角形投影法

2. 投影面平行线

投影面平行线是只平行于一个投影面，而倾斜于另外两个投影面的直线。

投影面平行线又可分为三种：平行于 V 面的直线叫正平线；平行于 H 面的直线叫水平线；平行于 W 面的直线叫侧平线。表 1 - 1 为投影面平行线的投影特性。

表 1 - 1　　　　　　　　　　　投影面平行线的投影特性

名　称	轴 测 图	投 影 图	投 影 特 性
正平线			1) $a'b'=AB$，反映 $α$、$γ$ 角； 2) $ab/\!/OX$ 轴，$a"b"/\!/OZ$ 轴
水平线			1) $cd=CD$，反映 $β$、$γ$ 角； 2) $c'd'/\!/OX$，$c"d"/\!/OY_W$ 轴

名　称	轴　测　图	投　影　图	投　影　特　性
侧平线			1) $e''f''=EF$，反映 α、β 角； 2) $e'f' /\!/ OZ$，$ef /\!/ OY_H$ 轴

从表 1-1 中可看出，投影面平行线的投影特性：

（1）直线在与其平行的投影面上的投影，反映该线段的实长和与其他两个投影面的倾角；

（2）直线在其他两个投影面上的投影分别平行于相应的投影轴，且比线段的实长短。

3. 投影面垂直线

投影面垂直线是垂直于一个投影面，平行于另外两个投影面的直线。

投影面垂直线又可分为三种：垂直于 V 面的直线叫正垂线；垂直于 H 面的直线叫铅垂线；垂直于 W 面的直线叫侧垂线。表 1-2 为投影面垂直线的投影特性。

表 1-2　　　　　　　　　　投影面垂直线的投影特性

名　称	轴　测　图	投　影　图	投　影　特　性
正垂线			1) $a'b'$ 积聚成一点； 2) $ab \perp OX$ 轴；$a''b'' \perp OZ$ 轴；$ab = a''b'' = AB$
铅垂线			1) cd 积聚成一点； 2) $c'd' \perp OX$ 轴； $c''d'' \perp OY_W$ 轴； $c'd' = c''d'' = CD$
侧垂线			1) $e''f''$ 积聚成一点； 2) $e'f' \perp OZ$ 轴； $ef \perp OY_H$ 轴； $e'f' = ef = EF$

从表 1-2 中可看出投影面垂直线的投影特性：

（1）直线在与其所垂直的投影面上的投影积聚成一点；

（2）直线在其他两个投影面上的投影分别垂直于相应的投影轴，且反映该线段的实长。

※第四节 求一般位置直线的实长与倾角

一般位置直线其三面投影均不反映直线的实长及其与投影面倾角。下面介绍直角三角形法求一般位置直线的实长及其与投影面倾角。

如图 1-11 所示，AB 为一般位置直线，在平面 $AabB$ 内，过点 A 作 H 投影 ab 的平行线交 Bb 于 B_0，即得到直角三角形 ABB_0。该直角三角形的一条直角边 $AB_0=ab$，另一直角边 $BB_0=Bb-Aa=Z_B-Z_A=\Delta Z$，$\angle BAB_0=\alpha$，由于两直角边的长度在投影图中已知，因此可以作出这个直角三角形，求出实长及直线与 H 面的倾角 α。

作图方法如下：

方法一 过点 b 作 B_0b 垂直 ba，取 $B_0b=\Delta Z$，直角三角形的斜边 B_0a 就是直线 AB 的实长，B_0a 与 ba 的夹角 α 就是 AB 与 H 面的倾角 α。

方法二 过 a' 作平行 X 轴的直线与 bb' 交于 b_0，使 $b_0A_0=ab$，连 $b'A_0$，即 AB 的实长，$\angle b'A_0b_0$ 为 AB 与 H 面的倾角 α。

同样，可以利用直线的 V 面投影及直线两端点的 Y 坐标差所构成的直角三角形，求出直线的实长及直线与 V 面的倾角 β，利用 W 面投影长及直线两端点的 X 坐标差，求出直线实长及直线与 W 面的倾角 γ。

第五节 点线的相对位置

一、直线上的点

直线上的一点，其投影亦在直线的同面投影上，且符合点的投影规律；点分割线段之比等于点的投影分线段的投影之比。直线上的点具有从属性和定比性是点在直线上的充分必要条件。

【例 1-2】 如图 1-12（a）所示，作出分线段 AB 为 $2：3$ 的点 C 的两面投影 c、c'。

分析： 根据直线上点的投影特性，可先将直线的任一投影分成 $2：3$，得到分 AB 为 $2：3$ 的点 C 的一个投影，利用从属性，求出点 C 的另一投影。

作图： 如图 1-12（b）所示，过 a 任意作一直线，并在其上量取 5 个单位长度；连接 $5b$，过分点 2 作 $5b$ 的平行线，交 ab 于 c；过 c 作 OX 轴的垂线，交 $a'b'$ 于 c'。

二、两直线的相对位置

空间两直线的相对位置有三种：平行、相交、交叉。

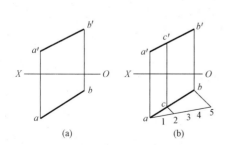

图 1-12 求直线上的定比分点

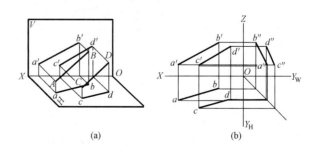

图 1-13 平行两直线的投影特性

1. 平行两直线

平行两直线的投影特性满足平行性和定比性。

由图 1-13 可知两直线 AB、CD 均为一般位置直线，且其同面投影平行，就可以断定这两直线平行，且其投影长 $ab:cd=a'b':c'd'=a''b'':c''d''$；如果两直线是同一投影面的平行线，只有当它们在其平行的投影面上的投影平行时，才可判断其相互平行。

2. 相交两直线

相交两直线的同面投影都相交，且交点符合点的投影规律，如图 1-14 所示。

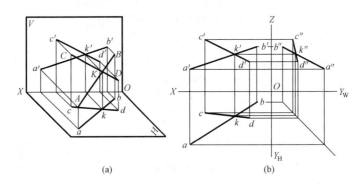

图 1-14　相交两直线投影的投影特性

3. 交叉两直线

如果两直线的投影既不符合两平行直线的投影特性，又不符合两相交直线的投影特性，则可断定这两条直线为空间交叉两直线，如图 1-15（b）所示，$a'b'\parallel c'd'$，ab 与 cd 相交，因此，空间两直线 AB 与 CD 交叉，H 面投影的交点是 AB、CD 在 H 面的重影点，根据重影点可见性的判别方法，V 面投影 m' 在上，n' 在下，所以 AB 上的 M 点在上，CD 上的 N 点在下，即水平投影 m 可见，n 不可见，标记为 $m(n)$。

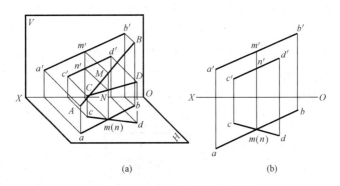

图 1-15　交叉两直线的投影特性

交叉两直线可能有一组或两组同面投影平行，但两直线的其余同面投影必定不平行；交叉两直线也可能在三个投影面的同面投影都相交，但交点不符合一个点的投影规律，它是两直线对不同投影面的重影点。

三、直角投影定理

相交两直线的投影不一定能反映两直线夹角的实形。如果两直线垂直（垂直相交或垂直交叉），其中一条直线是某一投影面平行线时，两直线在该投影面上的投影也垂直。这种投影特性称为直角投影定理。直角投影定理的逆定理也成立，如果两直线的某一投影垂直，其中有一直线是该投影面的平行线，那么空间两直线垂直。如图 1-16 所示。

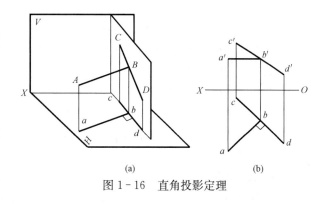

图 1-16　直角投影定理

【例 1-3】　如图 1-17 所示，求点 A 到直线 CD 的距离。

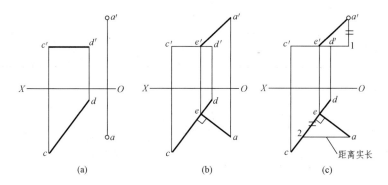

图 1-17　求点 A 到直线 CD 的距离

分析：

直线 CD 是水平线，根据直角投影定理，与水平线垂直的直线，其水平投影与水平线的水平投影垂直；由于与水平线 CD 垂直的直线 AE 是一般位置直线，所以要根据直角三角形法求 AE 的实长。

作图：

(1) 过 a 作 ae 垂直 cd，由 e 作出 e′，连接 a′e′。

(2) 作出 AE 两点的 Z 坐标差 a′1。

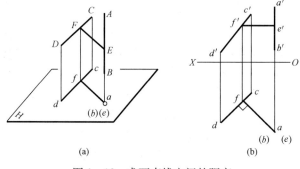

图 1-18　求两直线之间的距离

(3) 量 e2＝a′1，a2＝AE 的实长，即为点 A 到直线 CD 的距离的实长。

【例 1-4】　求两直线 AB、CD 之间的距离（图 1-18）。

分析：

直线 AB 是铅垂线，CD 是一般位置直线，若求两直线之间的距离，须求出两直线的公垂线。因为与铅垂线垂直的直线是水平线，如图 1-18（a）中的 EF，所以根据直角投影定理，$EF \perp CD$，则 $ef \perp cd$。

作图：

（1）由直线 AB 的 H 面投影 $a(b)$ 向 cd 作垂线交于 f，并求出 f'；

（2）由 f' 作 $e'f' // OX$，$e'f'$ 和 ef 即为公垂线 EF 的两投影；

（3）水平线 EF 的 H 面投影 ef 即为两直线之间的距离。

第六节　平面的投影特性

一、平面的表示法

由几何学可知，平面的空间位置可由下列几何元素确定：不在一条直线上的三点；一直线及直线外一点；两相交直线；两平行直线；任意的平面图形。

图 1-19 是用上述各几何元素所确定的平面及其投影图。

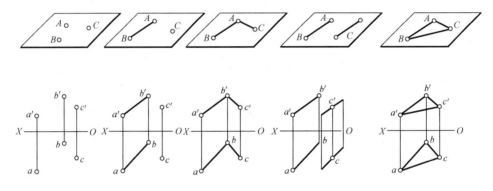

图 1-19　平面的表示法

二、各种位置平面的投影特性

平面对投影面的相对位置有三种：一般位置平面，投影面垂直面，投影面平行面。后两种称特殊位置平面。规定平面对 H、V、W 面的倾角分别用 α、β、γ 来表示。平面的倾角，是指平面与某一投影面所成的二面角。

1. 一般位置平面——与三个投影面都倾斜的平面

一般位置平面的投影如图 1-20 所示，由于 $\triangle ABC$ 对 H、V、W 面都倾斜，因此它的三个投影都是三角形，为原平面图形的类似形，面积均比实形小。

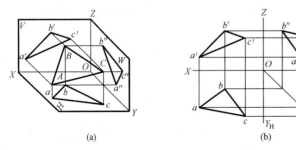

(a)　　　　　　　(b)

图 1-20　一般位置平面的投影特征

2. 投影面垂直面——只垂直于一个投影面，而与另两个投影面倾斜的平面

投影面垂直面可分为三种：垂直于 V 面的平面叫正垂面；垂直于 H 面的平面叫铅垂面；垂直于 W 面的平面叫侧垂面。表 1-3 为投影面垂直面的投影

特性。

表 1-3 投影面垂直面的投影特性

名 称	轴 测 图	投 影 图	投 影 特 性
铅垂面	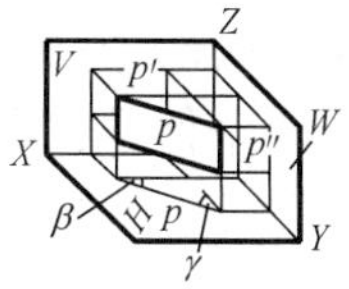	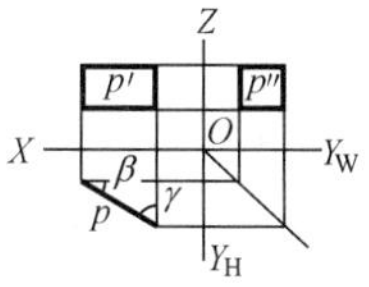	1) p 积聚成一直线，反映 β、γ 角； 2) p' 和 p'' 均为原图形的类似形
正垂面	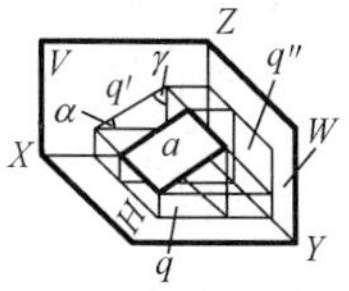	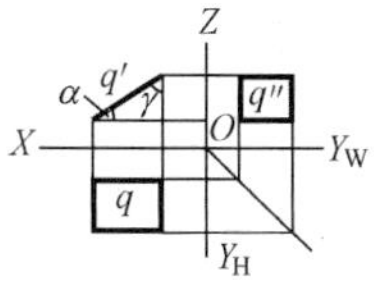	1) q' 积聚成一直线，反映 α、γ 角； 2) q 和 q'' 均为原图形的类似形
侧垂面	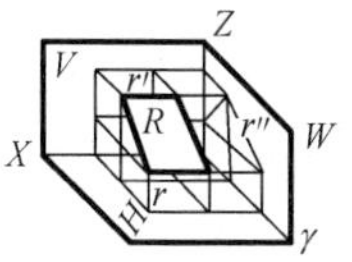	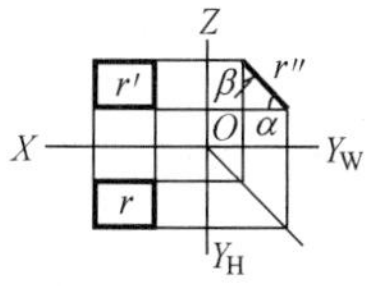	1) r'' 积聚成一直线，反映 α、β 角； 2) r' 和 r 均为原图形的类似形

从表 1-3 中可看出投影面垂直面的投影特性：

（1）平面在与其所垂直的投影面上的投影积聚成倾斜于投影轴的直线，并反映该平面对其他两个投影面的倾角；

（2）平面的其他两个投影都是面积小于原平面图形的类似形。

3. 投影面平行面——平行于一个投影面，与另两个投影面垂直的平面

投影面平行面又可分为三种：平行于 V 面的平面叫正平面；平行于 H 面的平面叫水平面；平行于 W 面的平面叫侧平面。表 1-4 为投影面平行面的投影特性。

表 1-4 投影面平行面的投影特性

名 称	轴 测 图	投 影 图	投 影 特 性
水平面	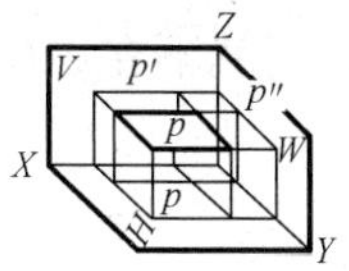	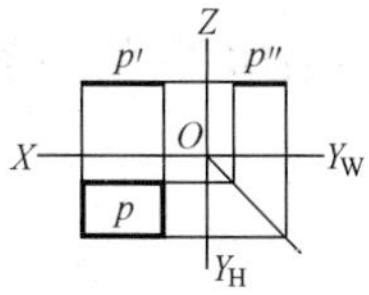	1) p 反映平面实形； 2) p' 和 p'' 均具有积聚性，且 p' // OX 轴，p'' // OY_W 轴
正平面	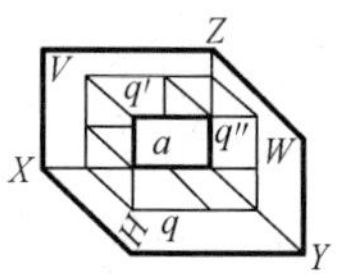	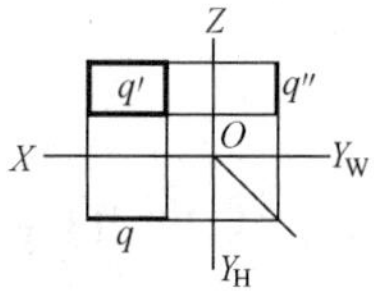	1) q' 反映平面实形； 2) q 和 q'' 均具有积聚性，且 q // OX 轴，q'' // OZ 轴
侧平面	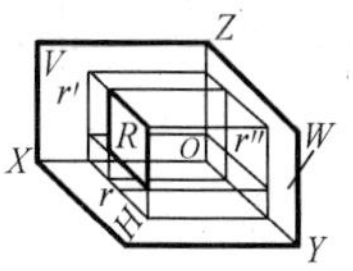	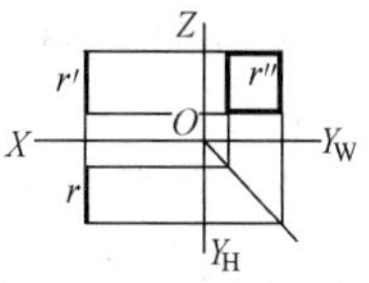	1) r'' 反映平面实形； 2) r' 和 r 均具有积聚性，且 r' // OZ 轴，r // OY_H 轴

从表 1-4 中可看出投影面平行面的投影特性：

（1）平面在与其平行的投影面上的投影反映平面图形的实形；

（2）平面在其他两个投影面上的投影均积聚成平行于相应投影轴的直线。

三、平面上的点和直线

从几何学可知，直线在平面上的几何条件是：直线通过平面上的两个已知点或通过平面上一个已知点并平行于平面上的一条已知直线。点在平面上的几何条件是：点在平面的一条直线上，如图 1-21 所示。

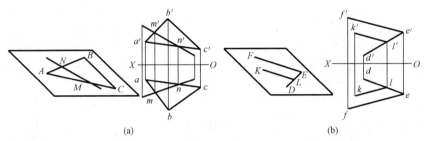

图 1-21　平面上的点和直线

【例 1-5】 如图 1-22 所示，判断点 M 是否在平面 $ABCD$ 内。

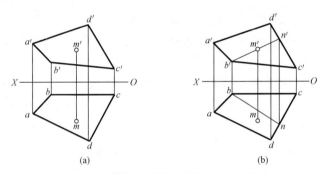

图 1-22　判断点 M 是否在平面 $ABCD$ 上

分析：

若点 M 在平面内，则一定在平面 $ABCD$ 的一条直线上，否则就不在 $ABCD$ 上。

作图：

（1）连接 $b'm'$，并延长与 $c'd'$ 相交于 n'。

（2）由 n' 作出 n，连接 bn，m 不在 bn 上，显然 M 不在 BN 上，所以点 M 不在平面 $ABCD$ 内。

第七节　线面的相对位置

直线与平面，平面与平面之间的相对位置，有平行、相交两种情况，相交时的特殊情况是垂直相交。

一、平行问题

若直线与平面平行，则直线必与平面内的某一直线平行。

由图 1-23 可以看出，直线的投影平行于平面有积聚性的同面投影，或直线和平面的同面投影都有积聚性［图 1-23（b）中的直线 MN］时，则直线与平面平行。

若平面与平面平行，则一平面上两条相交直线对应平行于另一平面上的两条相交直线。

由图 1-24 可知，两平面有积聚性的同面投影相互平行时，则两平面平行。

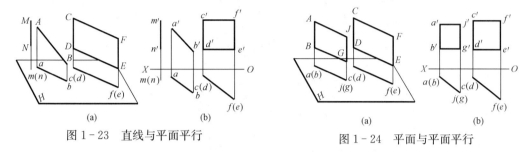

图 1-23 直线与平面平行   图 1-24 平面与平面平行

二、相交问题

直线与平面或两平面相交时，应求出直线与平面的交点、两平面的交线，并判断可见性，将被平面遮住的直线或另一平面的轮廓画成虚线。

1. 直线与平面相交

直线与平面相交的交点是直线与平面的共有点，且是直线可见与不可见的分界点。

如图 1-25 所示，一般位置直线 DE 与铅垂面△ABC 相交，交点 K 的 H 面投影 k 在△ABC 的 H 面投影 abc 上，又必在直线 DE 的 H 面投影 de 上，因此，交点 K 的 H 面投影 k 就是 abc 与 de 的交点，由 k 作 d'e' 上的 k'，如图 1-25（b）所示。交点 K 也是直线 DE 在△ABC 范围内可见与可不见的分界点。由图 1-25（c）可以看出，直线 DE 在交点右上方的一段 KE 位于△ABC 平面之前，因此 e'k' 为可见，k'd' 被平面遮住的一段为不可见。也可利用两交叉直线的重影点来判断，e'd' 与 a'c' 有一重影点 1' 和 2'。根据 H 面投影可知，DE 上的点 I 在前，AC 上的点 II 在后，因此 1'k' 可见，另一部分被平面遮挡，不可见，应画虚线。

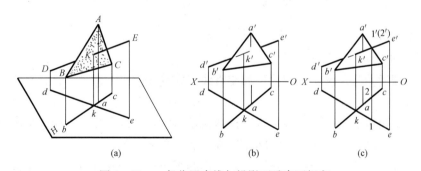

图 1-25 一般位置直线与投影面垂直面相交

如图 1-26（a）、（b）所示，正垂线 EF 与平面 ABCD 相交，EF 的 V 面投影积聚成一点，交点 K 的 V 面投影 k' 与 e'f' 重合，同时点 K 也是平面 ABCD 上的点，因此，可以利用在平面上取点的方法，求出点 K 的 H 面投影 k，如图 1-26（c）所示。EF 的可见性，可利用两交叉直线的重影点来判断，ef 与 ad 有一重影点 1 和 2，根据 V 面投影可知，EF 上的点 I 在上，AD 上的点 II 在下，因此 1k 可见，另一部分被平面遮挡不可见，应画虚线，如图 1-26（c）所示。

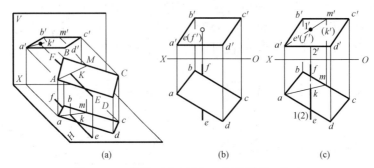

图 1-26　投影面垂直线与一般位置平面相交

2. 平面与平面相交的交线是两平面的共有线，且是平面可见与不可见的分界线

如图 1-27 所示，△ABC 是铅垂面，△DEF 是一般位置平面，在水平投影上，两平面的共有部分 kl 就是所求交线的水平投影，由 kl 可直接求出 $k'l'$。V 面投影的可见性可以从 H 面投影直接判断：平面 $KLFE$ 在平面 ABC 之前，因此 $k'l'f'e'$ 可见，画实线，其余部分的可见性如图 1-27（b）所示。

如图 1-28 所示，两铅垂面相交，其交线是铅垂线。两铅垂面的 H 面上积聚性投影的交点就是铅垂线的投影，由此可求出交线的 V 面投影，并由 H 面投影直接判断可见性。

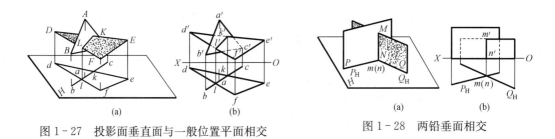

图 1-27　投影面垂直面与一般位置平面相交　　　图 1-28　两铅垂面相交

三、垂直问题

1. 直线与平面垂直

一直线如果垂直于一平面上任意两相交直线，则直线垂直于该平面，且直线垂直于平面上的所有直线。

从图 1-29 可以看出：当直线垂直于投影面垂直面时，该直线必平行于平面所垂直的投影面。图中直线 AB 垂直于铅垂面 $CDEF$，AB 是水平线，且 $ab \perp cdef$。

同理，与正垂面垂直的直线是正平线，它们的正面投影相互垂直；与侧垂面垂直的直线是侧平线，两者的侧面投影相互垂直。

2. 平面与平面垂直

当两个相互垂直的平面同垂直于一个投影时，两平面有积聚性的同面投影垂直，交线是该投影面的垂直线。

如图 1-30 所示。两铅垂面 $ABCD$、$CDEF$ 互相垂直，它们的 H 面投影有积聚性且垂直相交，交点是两平面交线——铅垂线的投影。

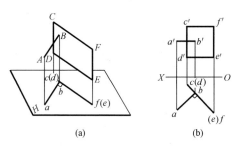

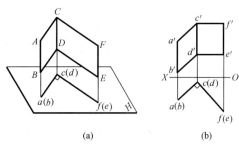

图 1-29　直线与铅垂面垂直　　　　　　　图 1-30　两铅垂面相互垂直

第二章 制图的基本知识

第一节 国家标准中的基本规定

技术图样是表达设计思想、进行技术交流和组织生产的重要资料,是工程界的技术"语言"。因此,对于图样画法、尺寸注法等都需要作统一的规定,即制图标准。

国家标准《机械制图》、《技术制图》是工程界的基础技术标准,是绘制、阅读技术图样的准则和依据,必须严格遵守。国家标准(简称国标)的代号为"GB",例如"GB/T 14691—1993",其中"T"表示推荐标准,"14691"为标准序列号,"1993"为该标准颁布的年号。

本节摘要介绍国标中有关图幅、标题栏、比例、字体、图线、尺寸标注等基本规定,其余部分将在后续章节中叙述。

一、图纸幅面及格式(GB/T 14689—2008)

绘制图样时,优先采用表2-1中规定的基本幅面尺寸。必要时,允许按基本幅面的短边成整数倍增加幅面,如图2-1所示。

表2-1 基本幅面尺寸

幅面代号	A0	A1	A2	A3	A4
$B \times L$	841×1189	594×841	420×594	297×420	210×297
a	25				
c	10			5	
e	20			10	

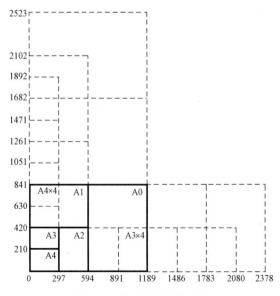

图2-1 图纸幅面及加长边

图框是图纸上限定绘图区域的线框，用粗实线画出。其格式分为留有装订边（图2-2）和不留装订边（图2-3）两种，其周边尺寸 a、c、e 按表2-1的规定选用。但同一产品的图样只能采用一种格式。

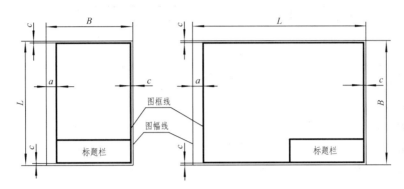

图2-2 留有装订边的图框格式

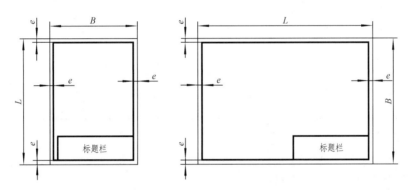

图2-3 不留装订边的图框格式

标题栏的位置应配置在图幅的右下方，如图2-2、图2-3所示。通常看图方向与看标题栏方向一致。GB/T 10609.1—2008对标题栏的内容、格式及尺寸作了规定，如图2-4（a）所示。制图作业中标题栏可采用图2-4（b）所示的简化形式。

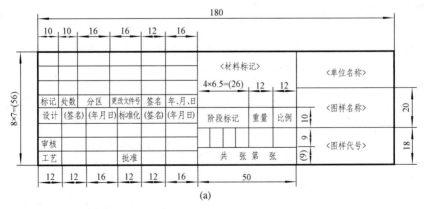

(a)

图2-4 标题栏的格式及尺寸（一）

（a）标准标题栏

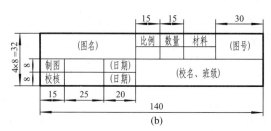

图 2-4　标题栏的格式及尺寸（二）

（b）制图作业标题栏

二、比例（GB/T 14690—1993）

图形与其实物相应要素的线性尺寸之比，称为比例。绘图时，应尽可能按机件实际大小采用 1∶1 的原值比例画出，以便反映机件的真实大小。需要按比例绘图时，应由表 2-2 中规定的系列中选取适当的比例。

表 2-2　　　　　　　　　　　标 准 比 例 系 列

种　类	比　例					
	优 先 选 取		允 许 选 取			
原值比例	1∶1					
放大比例	5∶1　　2∶1 $5 \times 10^n∶1$　$2 \times 10^n∶1$　$1 \times 10^n∶1$		4∶1　　2.5∶1 $4 \times 10^n∶1$　$2.5 \times 10^n∶1$			
缩小比例	1∶2　　1∶5　　1∶10 $1∶2 \times 10^n$　$1∶5 \times 10^n$　$1∶1 \times 10^n$		1∶1.5　　1∶2.5　　1∶3　　1∶4　　1∶6 $1∶1.5 \times 10^n$　$1∶2.5 \times 10^n$　$1∶3 \times 10^n$　$1∶4 \times 10^n$　$1∶6 \times 10^n$			

注　n 为正整数。

同一机件的各个视图如无特别说明应采用相同比例，并填写在标题栏中。

三、字体（GB/T 14691—1993）

字体是指图样中汉字、数字、字母等的书写形式。书写时必须做到：字体工整、笔画清楚、间隔均匀、排列整齐。

字体的高度（用 h 表示）称为字号，其公称尺寸系列有：1.8，2.5，3.5，5，7，10，14，20mm。如需书写更大的字，其字体高度应按 $\sqrt{2}$ 的比率递增。

1. 汉字

汉字应写成长仿宋体，并采用国家正式公布的简化字。长仿宋体的特点是：字形长方、笔画挺直、粗细一致、起落分明、撇挑锋利、结构均匀。汉字字高 h 不应小于 3.5mm，其字宽一般为 $h/\sqrt{2}$（$\approx 0.7h$），如图 2-5 所示。

10号字： 字体工整笔画清楚间隔均匀排列整齐

7号字： 横平竖直起落分明粗细一致结构均匀填满方格

5号字： 技术制图设计加工机械汽车自动化电子交通建筑纺织服装零件装配

3.5号字： 螺纹齿轮弹簧阀闸轴盘箱体端子接线标准热处理喷涂沉孔轮廓画法视图剖面折断计算机点线面

图 2-5　长仿宋体汉字示例

2. 字母和数字

字母和数字分为 A 型和 B 型。A 型字体的笔画宽度为字高的 1/14；B 型字体的笔画宽度为字高的 1/10。字母和数字可写成斜体或直体，常用的是斜体。斜体字的字头向右倾斜，与水平基线成 75°。在同一图样上，只允许选用一种型式的字体，A 型斜体字母和数字如图 2-6 所示。

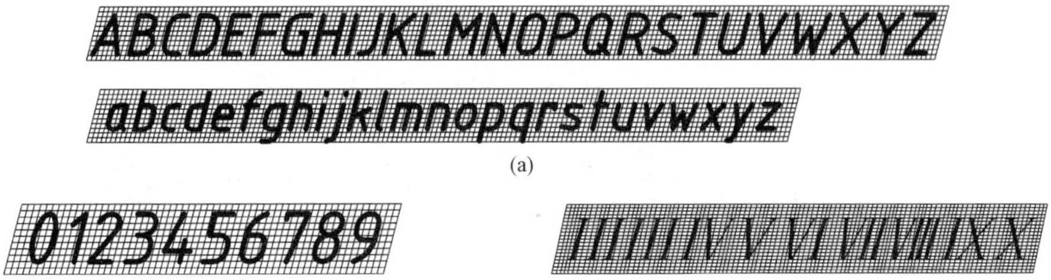

ABCDEFGHIJKLMNOPQRSTUVWXYZ

abcdefghijklmnopqrstuvwxyz

(a)

0123456789　　　　I II III IV V VI VII VIII IX X

(b)　　　　　　　　　　　　　　(c)

图 2-6　A 型斜体字母及数字示例

(a) 字母；(b) 阿拉伯数字；(c) 罗马数字

用作指数、分数、脚注、尺寸偏差的字母和数字，一般采用比基本尺寸数字小一号的字体，如图 2-7 中所示。

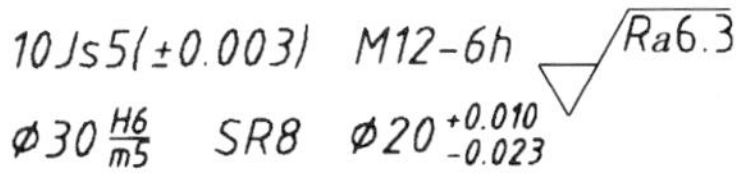

四、图线（GB/T 4457.4—2002；GB/T 17450—1998）

1. 图线样式及应用

绘制机械图样时，通常采用的图线见表 2-3。各种图线在图形上的应用示例见图 2-8。

$10Js5(\pm 0.003)$　$M12\text{-}6h$　$\sqrt{Ra6.3}$
$\varnothing 30\ \frac{H6}{m5}$　$SR8$　$\varnothing 20^{+0.010}_{-0.023}$

图 2-7　字体应用综合示例

表 2-3　图线名称及线型

图 线 名 称	型 式	图 线 名 称	型 式
粗实线	 ————	细虚线	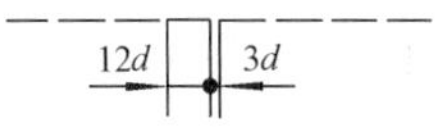 12d　3d
细实线	 ————	细点画线	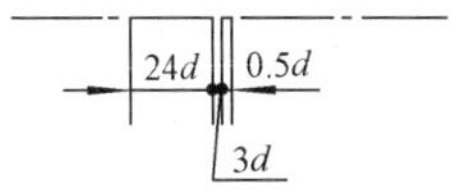 24d　0.5d　3d
波浪线	 ～～		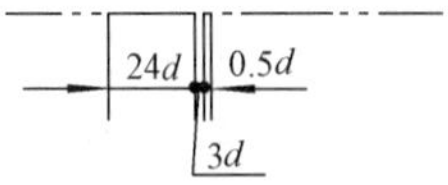
双折线	 ～╱╲～	细双点画线	24d　0.5d　3d

标准图线宽度的公称尺寸系列为：0.13、0.18、0.25、0.35、0.5、0.7、1、1.4、2mm，按 $\sqrt{2}$ 倍递增。机械图样中，粗线和细线的宽度比率约为 2：1。粗实线的宽度应按图样大小和复杂程度，在 0.5～2mm 之间选择，通常选用 0.5 或 0.7mm。

2. 图线画法

如图 2-9、图 2-10 所示，绘图时通常应注意以下几点：

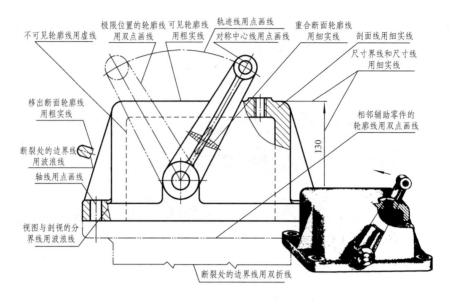

图 2-8　图线应用举例

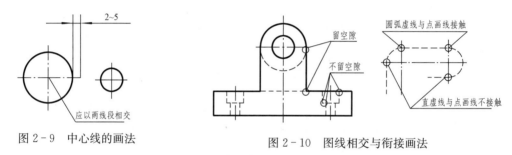

图 2-9　中心线的画法　　　　　　　　图 2-10　图线相交与衔接画法

（1）同一图样中，同类图线的宽度应一致。虚线、点画线及双点画线的线段长度和间隔应各自大致相等。

（2）两平行线（包括剖面线）之间的距离应不小于粗实线的两倍线宽，其最小距离不得小于 0.7mm。

（3）点画线和双点画线的首末端一般应是长画而不是点。绘制圆的对称中心线时，圆心一般应为长画的交点。用作轴线及对称中心线的点画线，两端应超出轮廓线 2～5mm。当在较小图形上绘制点画线、双点画线时，可用细实线代替。

（4）当某些图线相互重叠时，应按粗实线、虚线、点画线的顺序只画前面的一种图线。当虚线与粗实线、虚线、点画线相交时，应以画线相交，不应在空隙或点处相交。

（5）当虚线是粗实线的延长线时，粗实线应画到分界点，而虚线应留出空隙。当虚线圆弧与虚线相切时，虚线圆弧应画到切点，而虚线须留有空隙。

五、尺寸注法（GB/T 16675.2—1996；GB/T 4458.4—2003）

图形只能表示物体的形状，而其大小则由尺寸确定。标注尺寸时应做到正确、齐全、清晰、合理。本节仅对尺寸的正确注法作简要介绍，其他要求将在后续有关章节中介绍。

1．标注尺寸的基本规则

（1）机件的真实大小应以图样上所注的尺寸数值为依据，与图形的大小及绘图的准确度无关；

（2）图样中（包括技术要求和其他说明）的尺寸，以毫米为单位时，不需标注计量单位的代号（或名称）；如采用其他单位，则应注明相应的单位符号；

（3）图样中所标注的尺寸，为该图样所示机件的最后完工尺寸，否则应另加说明；

（4）机件的每一尺寸，一般只标注一次，并应标注在反映该结构最清晰的图形上。

2. 尺寸标注的三要素

一组完整的尺寸应包括尺寸界线、尺寸线（含尺寸终端）和尺寸数字三个要素，如图 2-11 所示。

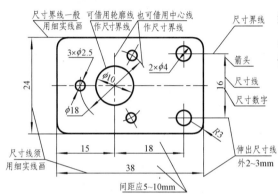

图 2-11　尺寸的组成

如图所示，尺寸界线和尺寸线画成细实线，通常尺寸界线应与尺寸线垂直，并伸出尺寸线外 2~3mm。必要时尺寸界线也允许倾斜，但仍保持互相平行，如图 2-12 所示。

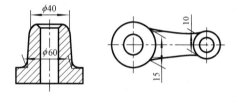

图 2-12　倾斜引出的尺寸界线示例

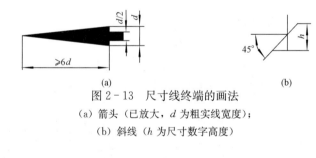

图 2-13　尺寸线终端的画法
(a) 箭头（已放大，d 为粗实线宽度）；
(b) 斜线（h 为尺寸数字高度）

尺寸线的终端表明尺寸的起止，一般画成箭头形式，如图 2-13（a）所示。其尖端应与尺寸界线相接触，且尽量画在两尺寸界线的内侧。当尺寸线太短没有足够的位置画箭头时，允许将箭头画在尺寸线外边；连续两个以上小尺寸相接处，允许用小圆点代替箭头。尺寸终端也允许采用 45°细斜线形式，如图 2-13（b）所示，但此时尺寸线与尺寸界线必须相互垂直。应当指出，同一张图样中，尺寸线终端只能采用一种形式。

尺寸数字一般注于尺寸线的上方，也允许写在尺寸线的中断处。线性尺寸数字的方向以标题栏为准，水平尺寸数字字头朝上；垂直尺寸字头朝左；倾斜尺寸数字字头应保持朝上的趋势。应尽量避免在图 2-14（a）所示 30°范围内标注尺寸，无法避免时可引出标注如图 2-14（b）所示。同一张图样上字高应一致，一般采用 3.5 号字。

尺寸数字不得被任何图线穿过，否则应将该图线断开，见图 2-15。

3. 常用的尺寸注法

（1）直径和半径尺寸。整圆或大于半圆的圆弧一般标注直径，并在尺寸数字前加"ϕ"；小于或等于半圆的圆弧一般标注半径，并在尺寸数字前加"R"，如图 2-16 所示。

当在图纸范围内无法标出大圆弧圆心位置时，可按图 2-16（c）的形式标注；若不需要

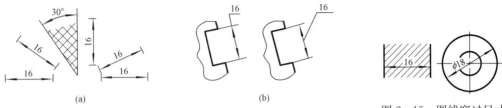

图 2-14　线性尺寸数字的注写

（a）线性尺寸数字的方向；（b）在 30°范围内的注法示例

图 2-15　图线穿过尺寸
数字时应断开

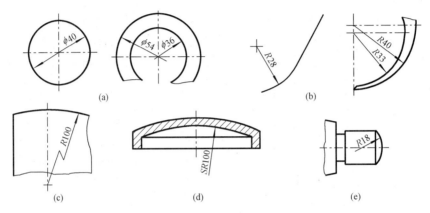

图 2-16　直径和半径尺寸注法

标出圆心位置时，可按图 2-16（d）的形式标注。

　　标注球面尺寸时，一般应在"ϕ"或"R"前加注"S"，即"$S\phi$"或"SR"。不致引起误解时，则可省略，如图 2-16（e）所示。

　　（2）角度尺寸。角度尺寸的尺寸界线沿径向引出，尺寸线是以该角顶点为圆心的一段圆弧。尺寸数字一律字头朝上水平书写，并配置在尺寸线中断处。必要时也可写在尺寸线旁边或引出标注，如图 2-17 所示。

　　（3）小图形尺寸。没有足够的位置画箭头或注写数字时，可按图 2-18 形式标注。

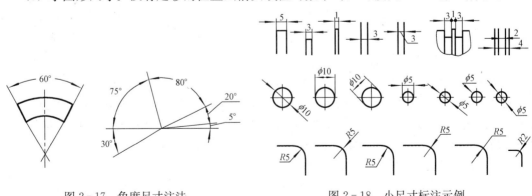

图 2-17　角度尺寸注法　　　　　　图 2-18　小尺寸标注示例

　　4. 标注尺寸的符号及缩写词

　　标注尺寸的符号及缩写词应符合表 2-4 的规定。

表 2 - 4　　　　　　　　　　　尺寸标注常用符号及缩写词

名词	直径	半径	球直径	球半径	厚度	正方形	45°倒角	深度	沉孔或锪平	埋头孔	均布
符号或缩写词	ϕ	R	$S\phi$	SR	t	□	C	↧	⊔	∨	EQS

符号的比例画法	

第二节　绘图工具和仪器的使用

正确使用绘图工具和仪器，是提高图样质量、加快绘图速度和延长绘图工具寿命的重要因素。本节简要介绍常用绘图工具和仪器及其用法。

一、图板和丁字尺

图板的工作表面应平整，左右两导边应光滑平直。绘图时用胶带把图纸固定在图板的左下方，并应在图纸下方留出丁字尺的宽度，如图 2 - 19 所示。

丁字尺由尺身及尺头组成，结合处必须牢固。尺身和尺头的工作边都应光滑平直。使用时，左手握住尺头，使其工作边紧靠图板的导边，如图 2 - 19 所示。

丁字尺主要用来画水平线，由上而下移动丁字尺，可画出一组水平线。上下移动的手势如图 2 - 20 所示，运笔应从左向右。

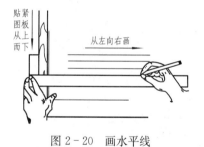

图 2 - 19　图板和丁字尺　　　　　　　图 2 - 20　画水平线

二、三角板

画图时，最好有一副规格不小于 30cm 的三角板。三角板各边应光滑平整，各个角度应准确。一副三角板和丁字尺配合使用，可画铅直线及与水平线成 15° 整数倍的斜线，如图 2 - 21 所示。利用三角板画已知直线的平行线和垂直线的方法，如图 2 - 22 所示。

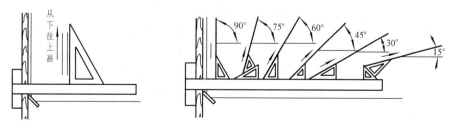

图 2 - 21　用三角板和丁字尺配合画铅直线和 15° 整数倍的斜线

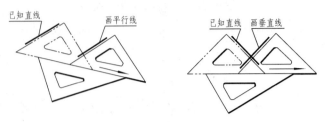

图 2-22　用两块三角板画已知直线的平行线和垂直线

三、绘图仪器

绘图仪器种类很多，每套仪器的件数不等。其中用得最多的是分规和圆规。

1. 分规

分规用于等分线段、量取尺寸和移置线段。它的两个针尖必须一样平齐，且当分规合拢时，两针尖应合于一点。分规的使用方法如图 2-23 所示。

2. 圆规

圆规主要用于画圆及圆弧。圆规的一条腿上装铅芯，另一条腿上装钢针。钢针的两端形状不同，较尖的一端是把圆规当分规用的；带台阶的一端是在画圆或圆弧时定心用，可以保护图纸，避免圆心扩大。画圆时，将针尖全部扎入图板，台阶接触纸面，然后使圆规向前进方向微微倾斜画出圆形，见图 2-24。

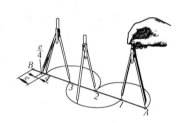

图 2-23　分规的用法

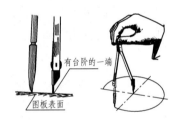

图 2-24　圆规的用法

四、绘图纸和铅笔

1. 绘图纸

一般选用质地坚实、纸面洁白的纸张作为绘图纸。图纸有正反面之分，绘图前用橡皮擦拭以检验图纸的正反面，反面起毛，绘图时须用正面。

2. 铅笔

绘图时要求使用"绘图铅笔"。铅笔铅芯的软硬分别用 B 和 H 表示。B 前的数值越大表示铅芯越软（黑）；H 前的数字越大铅芯越硬。根据使用要求不同，准备以下几种硬度不同的铅笔：

图 2-25　铅笔的削法

2H 或 H——画底稿用；

HB 或 H——画虚线、细实线、细点画线及写字；

B 或 2B——加深粗实线。

画粗实线的铅笔，铅芯磨削成宽度为 b（粗实线的线宽）的四棱柱形，其余铅芯磨削成锥形如图 2-25 所示。

五、其他绘图工具

绘图时除用到上述主要工具外，一般还用到一些辅助的工具，如小刀、砂纸、橡皮、小刷、胶带，以及量角器和擦图片等。此外，还有比例尺、鸭嘴笔和墨线笔（用于描图）、曲线板、多功能模板等，绘图机也经常使用。

第三节　手工绘制几何图形的方法及步骤

一、几何作图

圆周的等分（正多边形）、斜度、锥度、平面曲线和线段连接等几何作图方法，是绘制机械图样的基础，应当熟练掌握。

1. 等分圆周与正多边形

(1) 六等分圆周和正六边形。

图 2-26（a）为用圆的半径六等分圆周。把各等分点依次连接，即得一正六边形。因此画正六边形只要给出其外接圆的直径尺寸就够了。

用三角板配合丁字尺，也可作圆的内接正六边形或外切正六边形，见图 2-26（b）、图 2-26（c）。因此，画正六边形也可给出其两对边的距离 S（即内接圆直径）尺寸。

(2) 等分圆周和正五边形。

五等分圆周可用分规试分；也可按下述方法等分，见图 2-27。

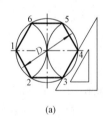 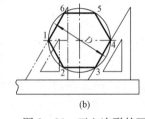 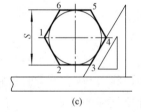 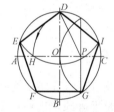

图 2-26　正六边形的画法　　　　　图 2-27　正五边形的画法

1) 平分 OC 得点 P；

2) 在 AC 上取 $PH=PD$，得点 H；

3) 以 DH 为边长等分圆周，得 E、F、G、I 等分点，依次连接得正五边形。

2. 斜度与锥度

(1) 斜度。是指一直线（或平面）对另一直线（或平面）的倾斜程度。其大小用该两直线（或平面）间夹角的正切值来表示，并把比值写成 1:n 的形式，即

$$斜度 = \tan\alpha = H:L = 1:L/H = 1:n$$

斜度的表示符号、画法与标注如图 2-28 所示。

注意：标注时符号斜线的倾斜方向应与斜度方向一致。

(2) 锥度。是指正圆锥体的底圆直径与其高度之比。若为圆台则为两底圆直径之差与圆台高之比，同样将比值化为 1:n 的形式。在图 2-29（a）中，$锥度 = \dfrac{D}{L} = \dfrac{D-d}{l} = 2\tan(\alpha/2)$。

锥度的表示符号、画法与标注如图 2-29 所示。

3. 图线连接

用一条线段（直线或圆弧）光滑地连接两条已知线段（直线或圆弧）的作图方法，称为

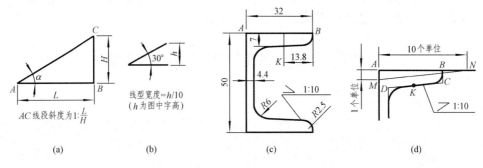

图 2-28　斜度的定义、符号、标注及画法
（a）定义；（b）符号；（c）槽钢；（d）标注及画法

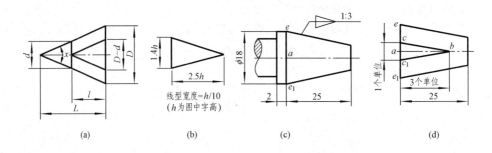

图 2-29　锥度的定义、符号、标注及画法
（a）定义；（b）符号；（c）量规；（d）画法

图线连接。在图线连接中，线段与圆弧、圆弧与圆弧之间是相切的。为保证相切，作图的关键是准确地求出切点及连接圆弧的圆心。

（1）直线连接两已知圆弧，见表 2-5。

表 2-5　　　　　　　　　　　　　　直线连接两已知圆弧

连接方式	已知条件	求　切　点	连接并描粗
线段外接两已知圆弧	R_1 O_1　R_2 O_2	O_1 O O_2 R_2-R_1　T_1 O_1 O T_2 O_2	T_1 O_1 O T_2 O_2
线段内接两已知圆弧	O_1 R_1　R_2 O_2	O_1 O_2 R_1+R_2　O_1 T_2 O O_2 T_1	O_1 T_2 O O_2 T_1

（2）圆弧连接两已知线段。分为两直线间的圆弧连接、直线与圆弧的圆弧连接、两圆弧的圆弧连接，见表 2-6。

表 2-6	圆弧连接两已知线段		

已知条件	作图方法和步骤		
	1. 求连接弧圆心 O	2. 求连接点（切点）A、B	3. 画连接弧并描粗
圆弧连接两已知直线 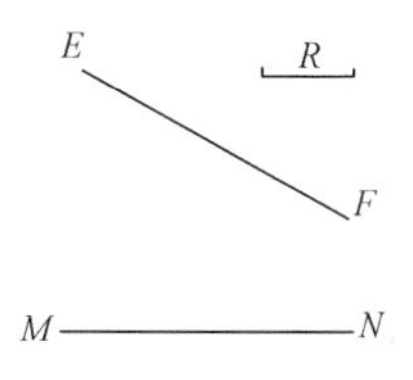 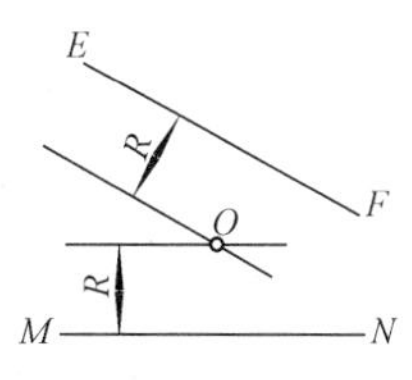 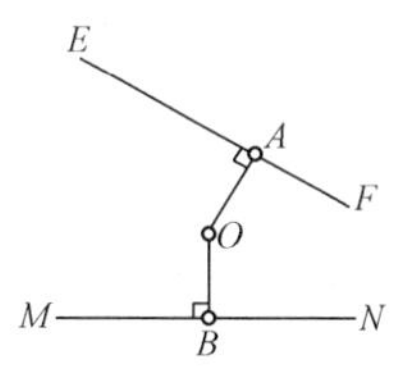 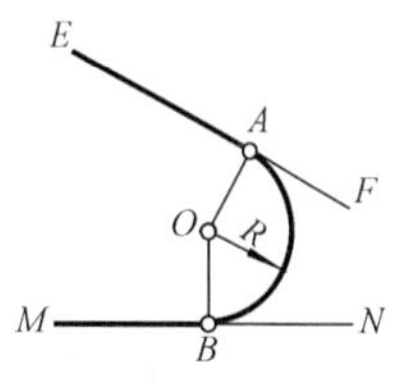			
圆弧连接已知直线和圆弧 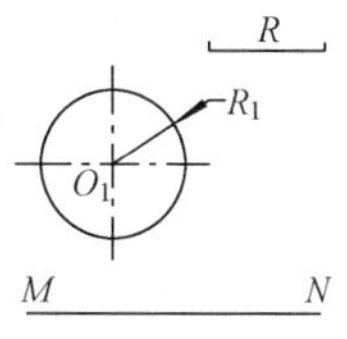 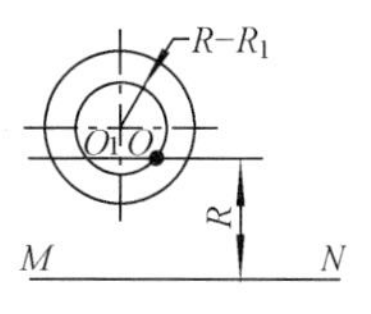 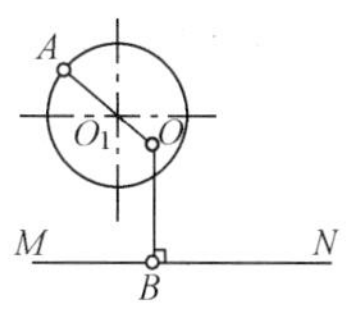 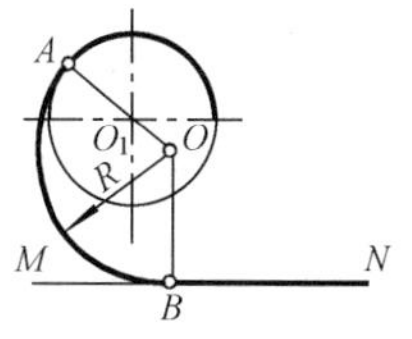			
圆弧外切连接两已知圆弧 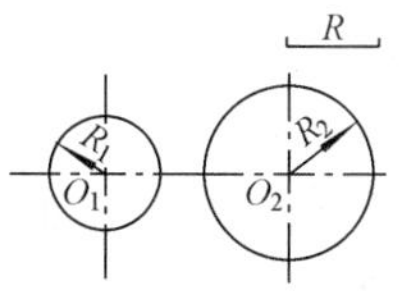 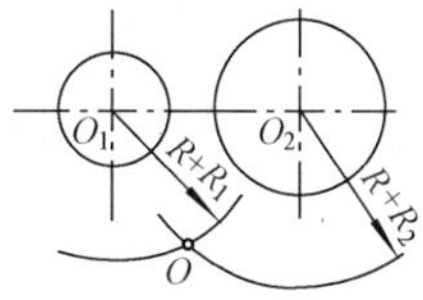 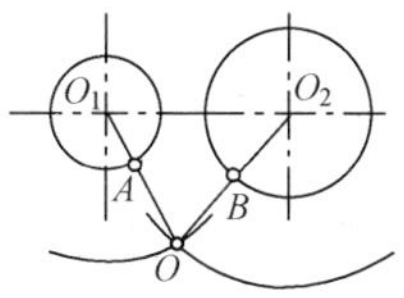 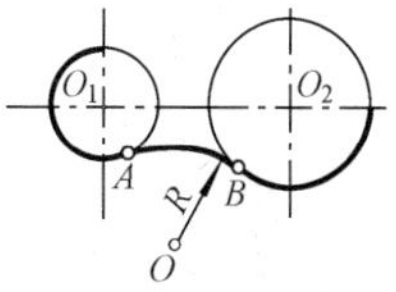			
圆弧内切连接两已知圆弧 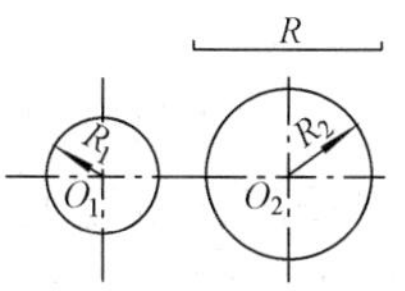 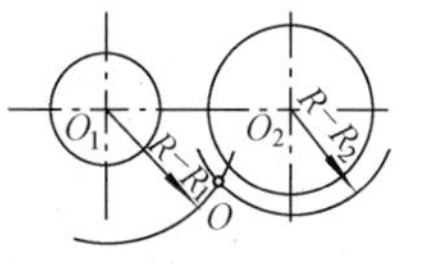 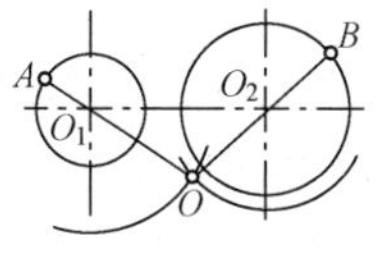 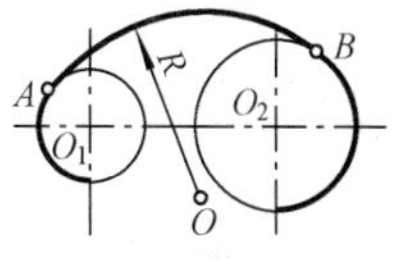			
圆弧分别内外切连接两已知圆弧 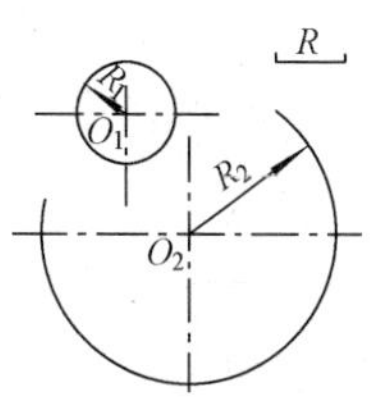 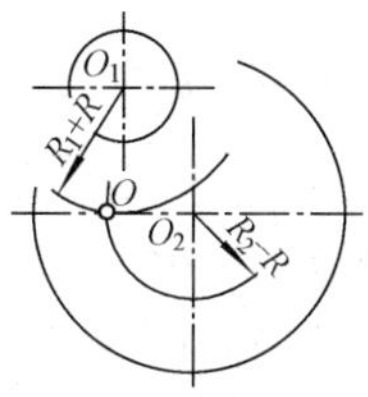 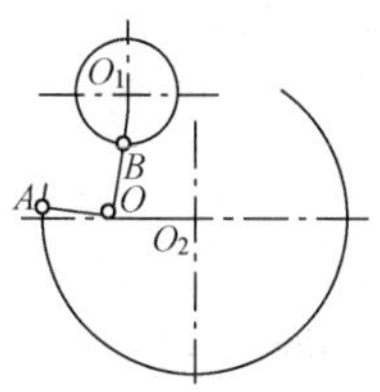 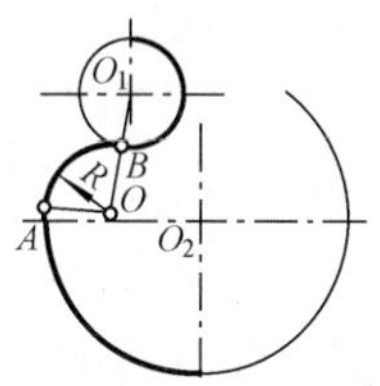			

4. 椭圆的画法

椭圆曲线是圆锥曲线的一种，机械图样中较常见到。椭圆的画法很多，这里仅介绍两种近似画法：

（1）同心圆法。如图 2-30 所示，已知椭圆的长、短轴，以 O 为圆心，OA、OC 为半径分别作圆。由圆心 O 作若干射线与两圆相交，再由各交点分别作长、短轴的平行线，即可得椭圆上的各点，用曲线板光滑连接各点即得椭圆。

（2）四心圆法。如图 2 - 31 所示，连接 AC，取 $CP = OA - OC$；作 AP 的垂直平分线，交两轴于 O_1、O_2，并分别取对称点 O_3、O_4；分别以 O_1、O_2、O_3、O_4 为圆心，O_1A、O_2C、O_3B、O_4D 为半径作弧，即近似作出椭圆。

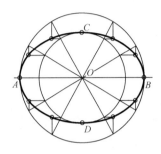

图 2 - 30　同心圆法画椭圆

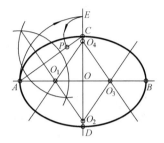

图 2 - 31　四心圆法画椭圆

二、绘制仪器图方法与步骤

1. 平面图形的画法

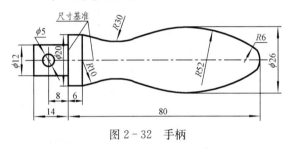

图 2 - 32　手柄

平面图形是由若干线段（直线或曲线）封闭连接组合而成。各组成线段之间可能彼此相交、等距或相切。要正确绘制一个平面图形，必须掌握平面图形的尺寸分析和线段分析。以图 2 - 32 所示手柄为例，说明平面图形的分析方法和作图步骤。

（1）尺寸分析。平面图形中所注尺寸按其作用可分为定形尺寸和定位尺寸两类。

1）定形尺寸。是确定平面图形的各线段形状大小的尺寸，如直线长度、角度大小以及圆弧的直径或半径等。图 2 - 32 中的尺寸 $\phi12$、$\phi5$、$R30$、$R52$、14 等均是定形尺寸。

2）定位尺寸。是确定平面图形的线段间相对位置的尺寸。如图 2 - 32 中的尺寸 8 确定了小圆 $\phi5$ 的位置。有的尺寸既有定形作用，又有定位作用，如图 2 - 32 中的 80，既是确定手柄长度的定形尺寸，又是 $R6$ 圆弧的定位尺寸。

3）尺寸基准。是图形中用以确定尺寸位置的点、线、面，是标注尺寸的起点。对于二维图形，需要长度和宽度两个方向的基准，手柄的尺寸基准如图 2 - 32 所示。

（2）线段分析。平面图形线段分析的实质是通过分析线段的尺寸情况来区分不同类型的线段，并由此确定各线段的作图顺序。根据线段在图形中所给的定形尺寸和定位尺寸是否齐全，可以将其分为三类。

1）已知线段。是指定形尺寸和定位尺寸标注齐全的，作图时根据所给尺寸可直接画出的线段。如图 2 - 32 中的 $\phi5$、$R6$ 和 $R10$。

2）中间线段。是指注出定形尺寸和一个方向的定位尺寸，必须依靠作图确定另一方向的定位尺寸才能画出的线段。如图 2 - 32 中的 $R52$。

3）连接线段。是指只有定形尺寸而无定位尺寸的线段，作图时需借助其他条件方可确定其位置。如图 2 - 32 中 $R30$。

（3）平面图形的作图步骤。

通过以上对平面图形的尺寸分析和线段分析，可归纳出作图步骤如图 2 - 33 所示。

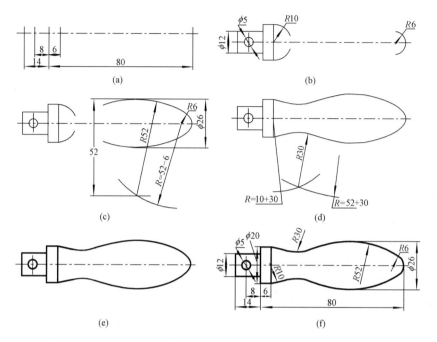

图 2 - 33　手柄的作图步骤

（a）画出图形基准线及已知线段的定位线；（b）画出已知线段；（c）画出中间线段；

（d）画出连接线段；（e）检查、整理，按规定描深图形；（f）标注尺寸，完成全图

2. 尺规绘图的方法与步骤

绘制图样时，为使图形画得又快又好，除了必须熟悉制图标准，掌握几何作图方法和正确使用绘图工具外，还需按照一定的方法和步骤去做。

（1）做好画图前的准备工作。

1）准备好必需的绘图工具和仪器；

2）确定图形采用的比例和图纸幅面大小；

3）将裁好的图纸固定在图板的适当位置；

4）用细线画图框和标题栏，标题栏可采用图 2 - 4（b）所示的格式。

（2）确定各视图在图框中的位置。布局应匀称、美观，并考虑到标注尺寸的位置。

（3）进行图形分析后，画底稿。底稿应用较硬的铅笔（H 或 2H）轻画，线条要细，但应清晰。底稿画好后应仔细校核，修正错误并擦去多余作图线。

（4）铅笔描深。加深图形时，常用 H 铅笔描各种细线，HB 或 B 铅笔描深粗实线；但圆规的铅芯应比铅笔软一号为宜。应按先细后粗、先曲后直、由上而下、由左而右、所有图形同时描深的原则进行。

（5）画箭头、注尺寸、填写标题栏及技术要求等。

第四节　计算机绘图入门

计算机辅助绘图（CAD），是指应用绘图软件及计算机硬件（主机及输入输出设备），来实现图形显示、辅助绘图与设计的一项技术。它不仅可以大大提高绘图的速度，而且精度高，易于修改、管理和交流。已广泛应用于航空、航天、冶金、船舶、机械、纺织、服装、建筑、地理信息、出版等领域，并日益引起各界的重视。

AutoCAD 是美国 Autodesk 公司开发的著名通用计算机辅助设计及绘图软件，于 1982 年 11 月推出其 1.0 版，经过 20 多年的不断完善和多次升级，在界面变化、功能完善和增强操作等方面有所改进。本书以 AutoCAD 2014 为软件环境，介绍二维图形的绘制和编辑。

AutoCAD 2014 的主要功能表现在以下几个方面：绘图功能；编辑功能；设置功能；辅助功能；文件的管理；三维功能；数据库的管理与链接；开放式体系结构。

一、启动 AutoCAD 2014

• 从 Windows "开始" 菜单中选择 "程序" / "Autodesk" / "AutoCAD2014－Simplified Chinese" / "🅰 AutoCAD2014" 命令。

• 在 Windows 桌面上建立 AutoCAD 2014 的快捷图标🅰，双击该图标。

• 双击已保存在磁盘中的 AutoCAD 图形文件（＊.dwg）。

二、AutoCAD 2014 的用户界面

AutoCAD 2014 用户界面的具体构成和布局随计算机硬件配置、操作系统及不同用户的喜好而发生变化。AutoCAD 2014 提供了四种空间显示模式："草图与注释"、"三维基础"、"三维建模"、"AutoCAD 经典"。系统默认打开的是 "草图与注释" 空间。上述四种工作空间之间可以进行切换。图 2-34（a）为 "草图与注释" 工作空间；图 2-34（b）为 "AutoCAD 经典" 工作空间。为了使读者能快速适应 AutoCAD2014，本书以 "二维草图与注释" 工作空间进行讲解。

如图 2-34 所示，AutoCAD 2014 的工作界面形式与 Windows 的其他应用软件的风格相似，主要由标题栏、菜单栏、绘图区、命令窗口、状态栏等组成。

AutoCAD2014 经典工作空间，其界面风格与传统的 AutoCAD 界面保持一致，保证了传统用户能够从菜单式界面到 Windows Ribbon 界面的顺利过渡。

1. 应用程序菜单

单击位于界面左上角的应用程序按钮🅰，弹出如图 2-35 所示的 AutoCAD 应用程序菜单，其中包含了 AutoCAD 常用的一些功能和命令，如新建、打开、保存、输出、打印、发布、发送文件。另外，还有 "图形实用工具"，用来核查、修复和清理文件，以及文件列表、关闭图形、访问 "选项"、退出 "Autodesk2014" 命令等。

2. 快速访问工具栏

快速访问工具栏为用户提供了一些常用的操作及设置。单击 "快速访问工具栏" 右侧的向下箭头按钮，如图 2-36（a）所示，弹出自定义快速访问工具栏菜单，用户可以根据自己的习惯和工作需求添加或移除快捷工具。在下拉菜单中单击 "显示菜单栏" 选项，会在标题栏的下方显示出菜单栏，如图 2-36（b）所示；再次单击 "隐藏菜单栏" 选项，菜单栏隐藏。

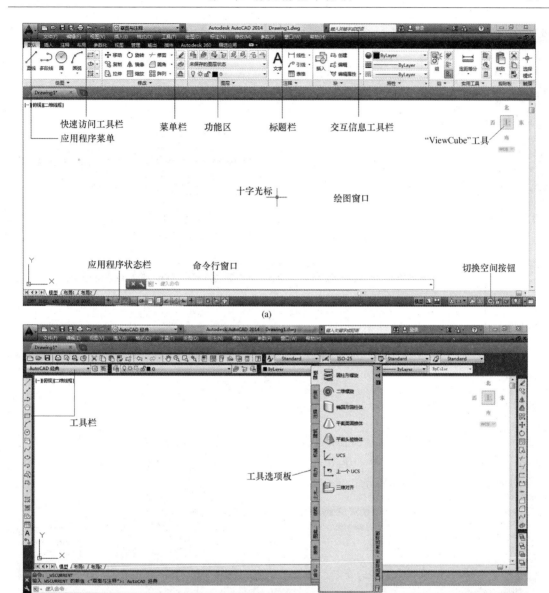

图 2-34　工作界面

（a）"草图与注释"工作空间；（b）"AutoCAD 经典"工作空间

3．信息中心工具栏

"信息中心工具栏"位于应用程序窗口的标题栏右侧。默认情况下有 1 个文字输入框和 5 个按钮。

4．功能区

"功能区"位于绘图窗口的上方，用于显示与基本任务的工作空间关联的按钮。默认状态下，在"草图与注释"空间中，"功能区"有 11 个选项卡："默认"、"插入"、"注释"、"布局""参数化"、"视图"、"管理"、"输出"、"插件"、"Autodesk360"、"精选应用"。每个选项卡包含若干个面板，每个面板又包含许多由图标表示的命令按钮，如图 2-37 所示。

图 2-35　应用程序菜单

图 2-36　快速访问工具栏

（a）自定义快速访问工具栏；（b）显示菜单栏

图 2-37　功能区选项板

5. 快捷菜单

在绘图窗口处单击鼠标右键将弹出快捷菜单，如图 2-38 所示。选择"选项（O）"，AutoCAD 弹出"选项"对话框，单击"显示"选项卡的"颜色"按钮，打开"图形窗口颜色"对话框，即可更改界面背景。

图 2-38　快捷菜单

（a）快捷菜单；（b）选项；（c）颜色

6. 绘图窗口

"绘图窗口"是显示和绘制图形的工作区域。绘图窗口可以认为没有边界，可利用窗口缩放命令，使绘图窗口无限增大或缩小，无论多大的图形，都可置于其中。绘图窗口的右边和下边分别有两个滚动条，可使窗口上下或左右移动，便于观察。

绘图窗口的左下方有 3 个标签，即"模型"、"布局 1"、"布局 2"，它们用于模型空间和图纸空间的切换。

绘图窗口左下角显示有坐标系图标（也可以关闭），它指示了绘图窗口的方位。

7. 命令窗口与文本窗口

"命令窗口"位于绘图窗口的下方，是用户与 AutoCAD 进行对话的窗口。它显示用户从键盘输入的命令，并发出系统提示信息。在绘图时，应特别注意命令窗口中显示的信息。

"文本窗口"记录了本次绘图操作的全部过程。一般情况下，文本窗口总是处于关闭状态，可根据需要通过功能键 F2 打开或关闭文本窗口。

8. 状态栏

"状态栏"用来显示 AutoCAD 当前的状态，如图 2-39 所示。左侧是坐标显示区，可动态显示当前坐标；中间是常用绘图辅助工具的状态转换按钮，表明当前工作状态。状态栏还包含了"平移"、"缩放"等常用的绘图窗口缩放命令按钮、切换工作空间命令按钮、快速查看布局、快速查看图形、注释操作命令、全屏显示等命令按钮。

图 2-39　状态栏

9. 全屏显示

"全屏显示"功能将隐藏功能区面板，使绘图窗口更加宽广。在菜单栏中执行"视图 →全屏显示"命令，或者按下快捷键"Ctrl+0"，即可进入到全屏显示模式，再次执行"Ctrl+0"命令将退出全屏显示模式。

10. 鼠标功能

在绘图时，鼠标各键功能如图 2-40 所示。

三、AutoCAD 2014 命令启动方式及终止方式

1. 命令的启动方式

AutoCAD 2014 中命令的启动方式通常有以下三种：

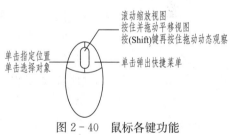

图 2-40　鼠标各键功能

• 在命令窗口由键盘输入命令名。用键盘输入命令时，一般可在光标附近的工具提示中显示，也可在命令行显示，并且字符的大小写没有区别。

• 功能区输入。查找命令所在的选项卡和面板，单击面板或工具栏中的命令按钮。

• 单击菜单栏中的菜单命令。

三种方式是等效的，用户只需依习惯记住其中一种即可。以输入画直线命令为例，本书中表述启动命令的约定形式如下：

① 命令：LINE↙ 或 L↙

②"默认"选项卡 →"绘图"面板 → 　直线

③ 菜单栏 → 绘图(D) → 　直线(L)

在命令的执行过程中，通常会有子命令出现，子命令中的符号含义如下：

"/"分隔符，分隔各选项，由键盘键入相应大写字母可进入指定选项；

"〈 〉"内为预设值或当前值，按下回车键可直接进入该预设值。

说明：其中带下画线的内容为用户输入，"↙"表示按回车键。

在 AutoCAD 中，空格键与回车键一般是等效的，按上述任一键可重复执行上次命令。

2. 命令的终止方式

① 一条命令正常完成后将自动终止。

② 在执行过程中按"Esc"键。

③ 从菜单栏或功能区调用另一命令时，将自动终止当前正在执行的绝大部分命令。

四、AutoCAD 2014 图形文件的管理

1. 新建图形文件

用于在系统工作界面下建立一个新的图形文件。

① 命令：NEW 或 QNEW ↙

② 应用程序菜单 🔺 → □ 新建

③ 快速访问工具栏 → □

2. 打开图形文件

用于在系统工作界面下打开一个或多个已经存在的图形文件。

① 命令：OPEN↙

② 应用程序菜单 🔺 → 📂 打开

③ 快速访问工具栏 → 📂

3. 保存图形文件

用于将所绘的工程图以文件的形式存入磁盘，且不退出绘图状态。

① 命令：SAVE↙ 或 QSAVE↙

② 应用程序菜单 🔺 → 💾 另存为 （或 💾 保存 ）

③ 快速访问工具栏 → 💾 （或 💾）

特别提示： 使用计算机绘图时要注意经常使用保存命令来及时保存所绘图形，从而避免发生断电或死机等意外情况时损失太多。

五、退出 AutoCAD 2014

当需要退出 AutoCAD 2014 绘图环境时，可采用以下方法：

① 命令：EXIT↙ 或 QUIT↙

② 应用程序菜单 💾 → 退出 Autodesk AutoCAD 2014

③ 单击右上角关闭按钮

以上三种方式均可正常退出 AutoCAD 系统。执行后如果对图形的修改尚未保存，系统会弹出如图 2-41 所示的信息框。

六、绘图前的准备知识

1. 绘图环境的初步设置

使用 AutoCAD 绘图，首先需要设置绘图环境，为绘图准备必要的条件，主要包括图形界限、

图 2-41 AutoCAD 警告信息框

绘图辅助工具的设置等。

(1) 设置图形界限。

从理论上讲，AutoCAD 的绘图空间是无限大的。但设置绘图界限将有助于对图形的管理。图形界限限制了栅格和缩放的显示区域。系统默认的图形界限为一个矩形区域。该命令的启动方式及启动后命令窗口的提示为：

① 命令：Limits ✓

② 菜单栏→ 格式(O) → ▦ 图形界限(I)

重新设置模型空间界限：

指定左下角点或 [开 (ON)/关 (OFF)] 〈0.0000，0.0000〉：

指定右上角点 〈420.0000，297.0000〉：

用户可回车接受其默认值或输入新坐标值，以确定绘图的范围。

(2) 设置辅助绘图工具模式。

在实际绘图中，用鼠标定位虽然方便快捷，但精度不高。除了直接从键盘键入坐标值外，Auto-CAD 还提供了一些辅助绘图工具，如正交、极轴、栅格和捕捉、对象捕捉、对象捕捉追踪等，工作界面状态栏右侧就是这些辅助绘图工具的状态按钮。

用鼠标左键单击某一按钮可开启或关闭该辅助工具；鼠标右键单击该按钮将打开"草图设置"对话框，如图 2-42 所示。

以下两种方法也可打开该对话框：

① 命令：Dsettings✓ 或 SE ✓ 或 DS ✓

② 光标指向状态栏上的栅格按钮▦，单击鼠标右键，选择设置 (S) …

图 2-42　"草图设置"对话框

③ 菜单栏→ 工具(T) → ㎏ 绘图设置(F)…

1) 栅格和捕捉。栅格相当于坐标纸，布满图形界限范围，不会被打印输出。打开栅格模式有助于定位，如与捕捉模式配合使用，对提高绘图精度有重要作用。

打开捕捉模式将约束鼠标每次移动固定的步长。如果步长设为 1，则鼠标拾取点的坐标值都将是 1 的整数倍。还可以将栅格设为等轴测模式，或将栅格旋转任意角度。

通过图 2-42 所示"草图设置"对话框中的"栅格和捕捉"选项卡，可对栅格间距、捕捉间距、捕捉类型和栅格行为等进行设置。

2) ORTHO 正交▭。打开正交模式可以方便地绘制正交线。使用正交模式绘图，可以提高工作效率。

要精确地确定正交点的位置，通常是先用鼠标导引出方向，然后从键盘输入该方向上的移动距离。当正交打开时，从键盘输入点的坐标值来确定点的位置并不受该模式的影响。

3) OSNAP 对象捕捉▭。利用对象捕捉模式，可以方便地把点精确定位到已有实体的某一特征点上。

系统提供了端点、中点、交点、圆心、象限点、切点、垂足、节点、最近点、外观交点、捕捉自、临时追踪点、平行线等多个对象捕捉方式，其中常用的 7 种如图 2-43 所示。

使用对象捕捉方式绘图有两种方式：临时捕捉和对象捕捉。

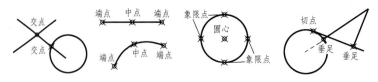

图 2-43　7 种常用的对象捕捉方式

① 临时捕捉，即每次在用到某一对象捕捉方式时需临时激活该对象捕捉方式。

以下 2 种方法可激活临时捕捉方式：

a. 从键盘输入捕捉方式的前 3 个字母（端点 END、中点 MID、圆心 CEN、节点 NOD、象限点 QUA、交点 INT、延长线 EXT、插入点 INS、垂足 PER、切点 TAN、最近点 NEA、外观交点 APP、平行线 PAR）。

b. 按住〈Ctrl〉或〈Shift〉键的同时单击鼠标右键，将弹出右键菜单，如图 2-44 所示，从中选取相应捕捉方式，系统将会捕捉到该点。

② 对象捕捉▣。使用前须先对如图 2-45 所示"草图设置"对话框中的"对象捕捉"选项卡进行设置，设定一种或数种捕捉模式为固定的，然后启用"对象捕捉"模式。移动鼠标即可自动执行所设置模式的捕捉。

说明：绘图时对象捕捉方式不宜设得太多，一般仅设定常用的几种对象捕捉方式。

4）极轴追踪◔。可以在系统要求指定下一点时，按预先设置的角度增量显示一条无限延伸的辅助线，沿辅助线追踪得到光标点。

使用该方式绘图，可以方便地将点精确定位到所设角度线上的任意点处。同使用正交方式绘图一样，该方式亦须先用鼠标导向，然后从键盘输入距离值。

在使用极轴追踪方式绘图之前，应先通过"草图设置"对话框中的"极轴追踪"选项卡对极轴角增量等进行设定。

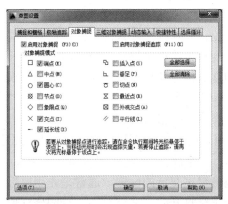

图 2-44　"临时捕捉"右键菜单　　　图 2-45　"草图设置"对话框的"对象捕捉"选项卡

说明：极轴和正交模式不能同时启用，但极轴追踪的角增量一般包括正交的四个方向。

5）对象捕捉追踪∠。它使得绘图更加智能化。该功能可以使光标从对象捕捉点开始，沿着对齐路径进行追踪，并找到需要的精确位置。对齐路径是指和对象捕捉点水平对齐、垂直对齐，或者按设置的极轴追踪角度对齐的方向。

对象捕捉追踪须与对象捕捉结合使用，故必须同时打开"对象捕捉□"按钮方可有效。

6）动态输入 ᵗᵇ。使用动态输入功能可以在指针位置处显示标注输入和命令提示等信息，极大的方便绘图。

以下两种方法也可打开该对话框：

① 命令：Dsettings ↙ 或 SE ↙ 或 DS ↙

② 光标指向状态栏上的动态输入按钮 ᵗᵇ，单击鼠标右键，选择设置（S）…

③ 菜单栏→ **工具(T)** → 🖋 绘图设置(F)…

系统会弹出"草图设置/动态输入"选项卡，如图 2-46 所示。

启动指针输入。在绘图时十字光标附近会动态显示出坐标工具，如图 2-47 所示，可以直接在坐标工具中输入坐标值，而不必通过命令行输入。

启动标注输入。在 AutoCAD 命令提示需要输入后续点或距离时，显示光标与前一点之间的距离和角度，如图 2-48所示。同样也可在此输入距离或相对坐标。

图 2-46 "草图设置"对话框的
"动态输入"选项卡

图 2-47 "启用指针输入"动态显示

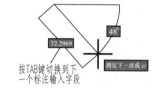

图 2-48 "启用标注输入"动态显示

2. 坐标系和坐标的基本输入方式

坐标系是图形学的基础，是精确绘制图形的前提。AutoCAD 2014 在绘制工程图时，采用三维笛卡儿坐标系统来确定点的位置。

AutoCAD 2014 系统缺省的坐标系（世界坐标系 WCS），其原点位于绘图窗口左下角，X 轴正方向水平向右；Y 轴正方向竖直向上；Z 轴则垂直于 XY 平面，由屏幕指向绘图者为正向。

绘图时从键盘输入点的坐标值是最基本的点的定位方式。在二维空间，只需输入点的 X、Y 坐标值，系统将其 Z 坐标值自动分配为 0。

经常采用的坐标输入方式有以下几种：

- 绝对直角坐标　是指相对于当前坐标系原点的直角坐标，其输入形式为：X，Y。
- 相对直角坐标　是指相对于前一点的直角坐标增量值，其输入形式为：@ΔX，ΔY。
- 绝对极坐标　是指相对于当前坐标系原点的极坐标，其输入形式为：$\rho < \theta$。
- 相对极坐标　是指相对于前一点的极轴长度和偏移角度，其输入形式为：@$\rho < \theta$。

其中偏移角度 θ 以 X 轴正方向为 $0°$，逆时针方向为正值，顺时针为负值。

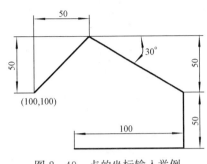

图 2-49　点的坐标输入举例

【**例 2-1**】　用直线命令画图 2-49 所示图形，正确理解点的输入方法。

解

① 命令：Line ↙ 或 L ↙

② "默认"选项卡→"绘图"面板→ 直线

③ 菜单栏→ 绘图(D) → 直线(L)

LINE 指定第一点：100，100 ↙

指定下一点或 ［放弃（U）］：@50，50 ↙

指定下一点或 ［放弃（U）］：@100<−30 ↙

指定下一点或 ［闭合（C）/放弃（U）］：@0，−50 ↙

指定下一点或 ［闭合（C）/放弃（U）］：@−100，0 ↙

指定下一点或 ［闭合（C）/放弃（U）］：↙

说明：继续指定点，就可绘制下一段直线；若输入 U，则取消最近绘制的线段；当绘制两条以上线段后，输入 C，则形成首尾闭合折线。

提示：画水平或铅垂线时，打开正交模式可以提高作图速度。

3. 视窗缩放

该命令如同一个缩放镜，可以按用户指定的范围显示图形，而不改变图形的真实大小。使用该命令可以方便地观察在当前视窗中太大或太小的图形，或准确地实行对象捕捉等操作，绘图过程中会经常用到这一命令。命令的启动方式为：

① 命令：ZOOM ↙ 或 Z ↙

② "视图"选项卡→"二维导航"面板→ 范围 ▾（如图 2-50 所示）

③ 菜单栏→ 视图(V) → 缩放(Z)

④ 快捷菜单：在绘图窗口单击鼠标右键，选择 缩放(Z) 启动后命令窗口显示如下提示信息：

图 2-50　"缩放"工具栏

ZOOM

指定窗口的角点，输入比例因子（nX 或 nXP），或者 ［全部（A）/中心（C）/动态（D）/范围（E）/上一个（P）/比例（S）/窗口（W）/对象（O）］<实时>：

该命令共包括 8 个选项，其中常用选项的含义如下：

(1) 全部（A）：显示图形界限或当前图形范围中较大的部分，并最大限度地充满整个屏幕。

(2) 范围（E）：显示当前图形范围。

(3) 前一个（P）：返回前一个视图（最多可恢复此前的 10 个视图）。

(4) 窗口（W）：缩放显示由两个角点定义的矩形窗口框定的区域。

4. 图形的平移

在绘图窗口内随意的平移所绘图形，以便更加清楚地观察图形的其他部分。命令的启动方式为：

① 命令：PAN↙ 或 P↙

② "视图"选项卡→"二维导航"面板→ ✋ 平移

③ 菜单栏→ 视图(V) → 平移(P)

④ 快捷菜单：在绘图窗口单击鼠标右键，选择 ✋ 平移(A) 启动后命令
窗口显示如下提示信息：

按 Esc 或 Enter 键退出，或单击右键显示快捷菜单，如图 2-51 图 2-51 实时平移
所示。 缩放快捷菜单

第五节 AutoCAD 环境下的基本绘图

在上一节的入门知识中，已经介绍了 LINE（直线）命令。AutoCAD 还提供了多种绘
图命令来绘制基本图形，本书仅介绍绘制二维机械图样中较为常用的绘图命令。

一、绘制直线

绘制直线详见本章第四节。

二、绘制圆

AutoCAD 2014 提供了 6 种画圆方式，分别根据圆心、半径、直径及圆上的点等参数来
控制，使用过程中用户可以根据已知条件选择其一。其命令的启动方式为：

① 命令：Circle↙ 或 C↙

② "默认"选项卡→"绘图"面板 → ⊙ 圆

③ 菜单栏→ 绘图(D) → 圆(C) ▶

提示：从 ⊙ 下拉菜单会看到一个"圆"子菜单，如图 2-52 所示。

根据已知条件选择其中之一，可以直接进入相应方式画圆，节省击键次
图 2-52 "圆" 数；而使用①方式启动画圆命令时，则需按照命令行提示进行选择。

三、绘制圆弧

AutoCAD 提供了 11 种画圆弧方式，如图 2-53 所示。其中第四组与第二组中条件相
同，只是顺序不同，实际提供的是 8 种画圆弧方式。系统绘制圆弧时，
分别根据所画圆弧的起点、方向、角度、端点、长度等参数来控制。命
令启动方式为：

① 命令：Arc↙ 或 A↙

② "默认"选项卡→"绘图"面板 → ⌒ 圆弧

③ 菜单栏→ 绘图(D) → 圆弧(A) ▶

以下分别对这 8 种画圆弧方式作一简要介绍：

（1）三点。依次输入起点、第二点、端点画圆弧。

（2）起点、圆心、端点。由起点向端点逆时针方向画圆弧。

（3）起点、圆心、角度。输入角度为正值，从起点逆时针画圆弧；反 图 2-53 "圆弧"

之为顺时针。

（4）起点、圆心、长度。均为逆时针画圆弧，弦长为正时，画小于半圆的圆弧。

（5）起点、端点、角度。角度为正，从起点逆时针画圆弧；反之为顺时针。

（6）起点、端点、方向。用起点、端点和起点处的切线方向画圆弧。

（7）起点、端点、半径（R）。均为逆时针画圆弧，半径为正时，画小于半圆的圆弧。

（8）连续。以最后一次画的圆弧或直线的终点为起点，按提示给出终点，所画圆弧与前一段圆弧或直线相切。

四、绘制椭圆及椭圆弧

手工绘图时绘制椭圆，无论采用何种方法都是非常麻烦的，但在计算机绘图中这一工作将变得非常简单。它主要是通过椭圆的中心、长轴和短轴三个参数来确定其形状和位置。

① 命令：ELLIPSE✓　或 EL✓

②"默认"选项卡→"绘图"面板→ ⬡ （如图 2 - 54 所示）

③ 菜单栏→ 绘图(D) → 椭圆(E) ▶

指定椭圆的轴端点或［圆弧（A）/中心点（C）］：

在该提示行中，可以有以下几种画椭圆的方式选择，示例见图 2 - 55：

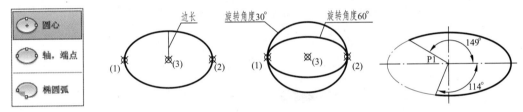

图 2 - 54 "椭圆"　　　　　　图 2 - 55 绘制椭圆、椭圆弧举例

1."*轴端点*"方式

为缺省选项。

指定椭圆的轴端点或［圆弧（A）/中心点（C）］：指定点（1）✓

指定轴的另一个端点：指定点（2）✓

指定另一条半轴长度或［旋转（R）］：输入长度值✓

2."*中心点*"方式

指定椭圆的轴端点或［圆弧（A）/中心点（C）］：C✓

指定椭圆的中心点：指定中点（3）✓

指定轴的端点：指定点（1）或（2）✓

指定另一条半轴长度或［旋转（R）］：输入长度值✓

3."*旋转角*"方式

指定另一条半轴长度或［旋转（R）］：R✓

指定绕长轴旋转：输入角度值✓

提示：这种方式主要用来绘制与圆所在平面成一定夹角平面上圆的投影，投影面上的椭圆的短轴长度等于长轴在角度方向的余弦值。

输入角度的范围为 0～89.4°。若角度为 0，则画圆。

4. 绘制椭圆弧

和椭圆不同的是椭圆弧的起点和终点没有闭合。绘制椭圆弧需要确定椭圆的两条轴及椭圆弧的起点和终点的角度。

指定椭圆的轴端点或［圆弧（A）/中心点（C）］：A↙

指定椭圆弧的轴端点或［中心点（C）］：C↙

指定椭圆弧的中心点：P1↙

指定轴的端点：120↙

指定另一条半轴长度或［旋转（R）］：60↙

指定点角度或［参数（P）］：−114↙

指定端点角度或［参数（P）/包含角度（I）］：149↙

如图 2-55 所示。

五、绘制矩形

在 AutoCAD 中画矩形，只需启动矩形命令后确定两个对角点即可，如图 2-56 所示。

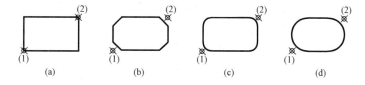

图 2-56　矩形举例

① 命令：RECTANG↙ 或 REC↙

② "默认"选项卡→"绘图"面板→ ▭

③ 菜单栏→ 绘图(D) → ▭ 矩形(G)

指定第一个角点或［倒角（C）/标高（E）/圆角（F）/厚度（T）/宽度（W）］：指定点
(1)↙

指定另一个角点或［面积（A）/尺寸（D）旋转（R）］：指定点（2）↙

缺省情况下画出的矩形如图 2-56（a）所示，［　］内各选项的含义为：

倒角（C）：画倒角矩形，见图 2-56（b）。

标高（E）：确定矩形在三维空间中的 Z 坐标高度

圆角（F）：画圆角矩形，见图 2-56（c）。

厚度（T）：3D 矩形厚度。

宽度（W）：设定矩形四边的线宽。

面积（A）：根据面积或一边长绘制矩形。

尺寸（D）：分别指定矩形的长度和宽度画矩形。

旋转（R）：可使矩形倾斜一定角度。

提示： 画如图 2-56（d）所示的跑道形矩形时，半径应设为矩形宽度的一半。

六、绘制正多边形

在绘制工程图样中经常会遇到正多边形，手工绘制时较为繁琐，而在计算机绘图中通过专门的命令，使得画正多边形同画直线一样简单。可以控制正多边形的边数（3～1024 之间的任意数值），按指定方式画正多边形。

① 命令：POLYGON↙　或 POL↙

② "默认"选项卡→"绘图"面板→ ▭ ▾ → ⬠ 多边形

③ 菜单栏→ 绘图(D) → ⬠ 多边形(Y)

POLYGON 输入侧面数<4>：5↙

指定正多边形的中心点或［边（E）］：100，100↙

输入选项［内接于圆（I）/外切于圆（C）]<I>：↙

指定圆的半径：50↙

按上述步骤，可以画出如图 2-57 所示的圆内接正五边形 1。同样，若其他控制参数不变，输入选项 C（外切于圆），则画出图 2-57 所示的圆外切正五边形 2。

提示： 在命令提示行出现"指定圆的半径"时，通过输入半径的相对坐标值，可以控制正多边形的方向。

输入控制点的规律是：对圆内接正多边形，控制点是正多边形的某一顶点；对圆外切正多边形，控制点是正多边形的某一条边的中点。如图 2-58 所示，同样输入控制点相对坐标值@50，0↙，得到的正五边形方向如图中的 1，2。

在命令提示行出现"指定多边形的中心点或［边（E）］"时，若从键盘敲入 E，即指定多边形边的方式来画正多边形，先后指定正多边形的两个端点，系统将按顺时针确定一个正多边形，如图 2-58 所示 3。

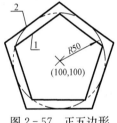

图 2-57　正五边形

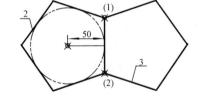

图 2-58　控制多边形的方向

说明：用矩形命令和正多边形命令画出的矩形、正多边形将被作为一个整体来处理，即所有的边是一条复合线。

七、绘制点

由于默认样式画出的点通常难以辨认，通常在画点之前应首先定义点样式。使用画点命令，可以在图面上绘制单独点、在已有对象上插入等分点或等距点。

1. 定义点样式

① 命令：DDPTYPE↙

② "默认"选项卡→"实用工具"面板→ 实用工具 ▾ → ⬚ 点样式…

③ 菜单栏→ 格式(O) → ⬚ 点样式(P)…

系统将打开如图 2-59 所示的"点样式"对话框，系统共提供了 20 种点的样式，用户可根据情况自行选择。

2. 画单点或多点

① 命令：POINT↙或 PO↙

② "默认"选项卡→"绘图"面板→ 绘图 ▼ → ·

③ 菜单栏→ 绘图(D) → 点(O) ▶ → 单点(S) 或 · 多点(P)

可以在命令行输入点的坐标值，也可以通过光标在屏幕上直接指定一点。

3. 定数等分

① 命令：DIVIDE↙或 DIV↙

② "默认"选项卡→"绘图"面板→ 绘图 ▼ →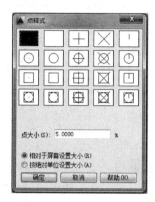

③ 菜单栏→ 绘图(D) → 点(O) ▶ → 定数等分(D)

选择要定数等分的对象：拾取对象↙

输入线段数目或［块（B）］：8↙

如图 2-60（a）所示，在选定的圆上插入 8 个等分点。

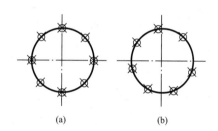

图 2-59 "点样式"对话框   图 2-60 定数等分和定距等分举例

4. 定距等分

① 命令：MEASURE↙ 或 ME↙

② "默认"选项卡→"绘图"面板→ 绘图 ▼ →

③ 菜单栏→ 绘图(D) → 点(O) ▶ → 定距等分(M)

选择要定距等分的对象：拾取对象↙

指定线段长度或［块（B）］：18↙

如图 2-60（b）所示，在选定的圆上沿圆周方向每间隔距离 18 插入一个等分点。

提示：对这些点可以用"对象捕捉"模式中的"节点"捕捉方式来精确定位。

八、绘制多段线

多段线是一系列直线与圆弧的组合线，各段线可以有不同线宽，同一段线还可以首尾具有不同线宽，而整条多段线是一个实体。

① 命令：PLINE↙或 PL↙

② "默认"选项卡→"绘图"面板→ 多段线

③ 菜单栏→ 绘图(D) → 多段线(P)

指定起点：指定多段线起点↙

当前线宽为 0.0000

指定下一个点或［圆弧（A）/半宽（H）/长度（L）/放弃（U）/宽度（W）］：W↙

下面分别介绍"〔　〕"内各选项的含义：

长度（L）：设定直线段的长度；

宽度（W）：设定线段的起点宽度和终点宽度，可以相同，也可不同；

半宽（H）：设定线宽的一半值；

圆弧（A）：进入画圆弧方式，选择该项后，又会出现一组子命令选项：

指定圆弧的端点或〔角度（A）/圆心（CE）/方向（D）/半宽（H）/直线（L）/半径（R）/第二点（S）/放弃（U）/宽度（W）〕。

各选项的画圆弧方法与前面"画圆弧"命令介绍的方法基本相同，此处不再赘述。

读者可先试画图2-61所示的多段线例，详细步骤参照习题集。

九、绘制样条曲线

样条曲线是通过或接近一系列给定点的光滑曲线，适用于创建不规则曲线。在绘制机械图样时，主要用于画波浪线、相贯线、截交线等。

① 命令：SPLINE↙或SPL↙

② "默认"选项卡→"绘图"面板→ 绘图▼ → ～ 或 ～

③ 菜单栏→ 绘图(D) → 样条曲线(S) ▶ → ～ 拟合点(F) 或 ～ 控制点(C)

当前设置：方式=拟合　　节点=弦

指定第一个点或〔方式（M）/节点（K）/对象（O）：指定起点（1）↙

输入下一个点或〔起点切向（T）/公差（L）〕：指定插值点（2）↙

输入下一个点或〔端点相切（T）/公差（L）/放弃（U）〕：指定插值点（3～5）↙

输入下一个点或〔端点相切（T）/公差（L）/放弃（U）/闭合（C）〕：↙

〔　〕内各选项的含义为：

方式（M）：采用"拟合"方式定义样条曲线，生成的样条曲线通过给定的控制点，如图2-62（a）所示。采用"控制点"方式定义样条曲线，生成的样条曲线不通过给定的控制点，如图2-62（b）所示。

 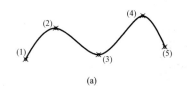 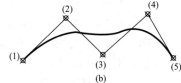

图2-61　多段线举例　　　　图2-62　样条曲线举例

（a）采用"拟合"方式；（b）采用"控制点"方式

起点切向（T）：指定在样条曲线起点的切线。

端点相切（T）：指定在样条曲线终点的切线。

公差（L）：指定样条曲线可以偏离指定拟合点的距离。缺省值为0，即要求样条曲线通过拟合点。

十、绘制圆环和填充圆

圆环是由同一圆心、不同直径的两个同心圆组成。控制圆环的主要参数是圆心、内外直径。如果圆环的内直径为 0，则圆环为填充圆。

① 命令：DONUT ↙ 或 DO ↙

② "默认"选项卡→"绘图"面板→ 绘图 ▾ → ◎

③ 菜单栏→ 绘图(D) → ◎ 圆环(D)

提示： AutoCAD 默认情况下，所绘制的圆环为填充的实心圆环。如果在绘制圆环之前，在命令行输入 FILL 命令，则可以控制圆或圆环的填充可见性。

命令：FILL

输入模式［开（ON）/关（OFF）］＜开＞：

选择 ON 模式，绘制的圆或圆环要填充，如图 2-63（a）所示；选择 OFF 模式，绘制的圆或圆环不要填充，如图 2-63（b）所示。

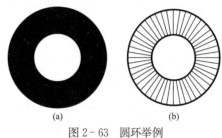

图 2-63 圆环举例

(a)"ON"模式；(b)"OFF"模式

第六节 AutoCAD 环境下的图形编辑

除了绘图命令，AutoCAD 还提供了功能强大的图形编辑命令。通过编辑命令，可以任意地对图形进行复制、镜像、移动、旋转、改变大小、修剪和延伸等操作，使得复杂图形的绘制过程变得简单、快速，得到的图形更加精确、美观，达到绘图的最终目的。

本书仅介绍绘制二维机械图样中较为常用的图形编辑命令。

一、选择对象

在进行图形编辑命令的执行过程中，经常会出现"选择对象"提示，这时十字光标在绘图区由十字线变为拾取框。若输入？可以查看所有选项：

命令：SELECT ↙

选择对象：？↙

需要点或窗口（W）/上一个（L）/窗交（C）/框（BOX）/全部（ALL）/栏选（F）/圈围（WP）/圈交（CP）/编组（G）/添加（A）/删除（R）/多个（M）/前一个（P）/放弃（U）/自动（AU）/单个（SI）/子对象（SU）/对象（O）

其中最常用的有以下几种：

1. 直接用鼠标选取

可连续选中多个对象，被选中的对象变成虚线并亮显。

2. 窗口（W）选取

窗口选取对象是以指定对角点的方式定义矩形选取范围。从左 1 向右 2 拉出选择框，窗口范围内的背景颜色改变，只有全部位于矩形窗口中的图形对象才会被选中，但与窗口交叉的对象不包括在内，如图 2-64 所示。

3. 全部（ALL）选取

输入 ALL ↙，系统将自动选择当前图形的所有对象，包括视窗以外的不可见对象。

4. 栏选（F）

能够以画链的方式选取对象。所绘制的线链可以由一段或多段直线组成，所有与其相交的对象均被选取，如图 2-65 所示。

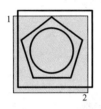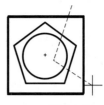

图 2-64   窗口（W）选取举例   图 2-65   栏选举例

二、删除与取消命令

1. 用 ERASE 命令擦除

用于删除图面中多余的实体，相当于手工绘图时橡皮的功能。

① 命令：ERASE↙或 E↙

②"默认"选项卡→"修改"面板→ ![删除图标]

③ 菜单栏→ 修改(M) → ![图标] 删除(E)

2. 用 UNDO 命令退回

取消前一次的操作，可连续多次使用。

① 命令：UNDO↙或 U↙

② 快速访问工具栏： ![撤销图标]

③ 菜单栏→ 编辑(E) → ![图标] 放弃(U) 命令组

三、复制图形

复制已有图形到指定位置。

① 命令：COPY↙或 CO↙

②"默认"选项卡→"修改"面板→ ![复制图标] 复制

③ 菜单栏→ 修改(M) → ![图标] 复制(Y)

选择对象：找到 1 个

选择对象：↙

当前设置：复制模式＝单个

指定基点或［位移（D）/模式（O）/多个（M）〕〈位移〉：指定复制基点↙

指定第二个点或［阵列（A）〕〈使用第一个点作为位移〉：指定位移第二点↙

指定第二个点或［阵列（A）/退出（E）/放弃（U）〕〈退出〉：↙

提示：复制命令用来对原图作一个或多个复制，并复制到指定位置。默认模式是单个复制，多个（M）选项适用于图 2-66 所示的多个复制。

在指定位移时，可以直接用对象捕捉，也可以输入相对于移动基点的相对坐标值，以便精确定位。

例如：如图 2-66 所示，在确定圆心基点后，在指定第二点（目标点 1）时输入 45↙，在指定第二点（目标点 2）时输入 19↙，在指定第三点（目标点 3）时输入@45，-19↙，单击↙，完成复制操作。

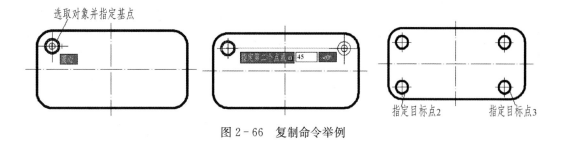

图 2-66　复制命令举例

四、镜像复制图形

多用于绘制对称图形，如图 2-67 所示。

① 命令：MIRROR↙或 MI↙

② "默认"选项卡→"修改"面板→ △⚏ 镜像

③ 菜单栏→ 修改(M) → △ 镜像(I)

选择对象：指定对角点：找到 4 个（如图 2-67 所示）。

选择对象：↙

指定镜像线的第一点：指定点 1↙

指定镜像线的第二点：指定点 2↙

要删除源对象吗？〔是（Y）/否（N）〕〈N〉：↙

五、偏移复制图形

多用于绘制平行线或同心圆、等距曲线等。

① 命令：OFFSET↙或 O↙

② "默认"选项卡→"修改"面板→ ⚏

③ 菜单栏→ 修改(M) → ⚏ 偏移(S)

当前设置：删除源＝否　图层＝源　OFFSETGAPTYPE＝0

指定偏移距离或〔通过（T）/删除（E）/图层（L）〕＜1.0000＞：10↙

选择要偏移的对象，或〔退出（E）/放弃（U）〕＜退出＞：选择对象↙

指定要偏移的那一侧上的点，或〔退出（E）/多个（M）/放弃（U）〕＜退出＞：在对象要偏移的一侧指定点（1）↙（如图 2-68 中的 1 所示）

选择要偏移的对象，或〔退出（E）/放弃（U）〕＜退出＞：↙

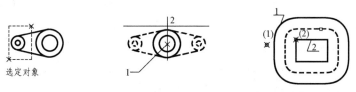

图 2-67　镜像命令举例　　　　图 2-68　偏移命令举例

除非按↙键结束命令，系统将重复这两个提示，因而可以连续创建多个偏移对象。

通过（T）选项：以图形中现有的端点、各节点、切点对象作为源对象的偏移参照。见图 2-68 中的矩形 2，命令执行过程如下：

指定偏移距离或〔通过（T）/删除（E）/图层（L）〕＜1.0000＞：T↙

选择要偏移的对象，或［退出（E）/放弃（U）］＜退出＞：选择对象↙
指定通过点或［退出（E）/多个（M）/放弃（U）］＜退出＞：指定点（2）↙
选择要偏移的对象，或［退出（E）/放弃（U）］＜退出＞：↙

六、阵列复制图形

将选择的对象按指定方式进行多重复制。

① 命令：ARRAY↙ 或 AR↙

② "默认"选项卡→"修改"面板→ ⊞ 阵列

③ 菜单栏→ 修改(M) → 阵列 ▶ → ⊞ 矩形阵列 或 ✥ 环形阵列 或 ⌒ 路径阵列

a. 矩形阵列。

选择对象：找到 1 个

选择对象：↙

类型＝矩形　关联＝是

选择夹点以编辑阵列或［关联（AS）/基点（B）/计数（COU）/间距（S）/列数（COL）/行数（R）/层数（L）/退出（X）］＜退出＞：

选中源对象，单击"确定"按钮，系统将弹出如图 2-69 所示的"矩形阵列"屏幕操作。在该对话框中，输入 4 列 3 行，列偏移和行偏移分别取 200 和 160，结果如图 2-70 所示，单击确定。

图 2-69　"矩形阵列"屏幕操作

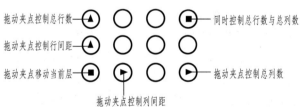

图 2-70　"矩形阵列"上下文功能区

"［　］"内各选项的含义为：

关联（AS）：设置阵列项目间是否关联。

基点（B）：设置阵列放置项目的基点。

计数（COU）：指定行数和列数。

间距（S）：指定行间距和列间距。

列数（COL）：设置阵列中的列数。

行数（R）：设置阵列中的行数。

层数（L）：指定阵列中的层数。

b. 环形形阵列。

选择对象：找到 1 个

选择对象：↙

类型＝极轴　关联＝是

指定阵列的中心点或［基点（B）/旋转轴（A）］：

选择夹点以编辑阵列或［关联（AS）/基点（B）/项目（I）/项目间角度（A）/填充角度
（F）/行（ROW）/层（L）/旋转项目（ROT）/退出（X）］〈退出〉：

选中源对象，单击"确定"按钮，系统将弹出如图 2-71 所示的"环形阵列"屏幕操作。
在该对话框中，输入项目数为 6（包括源对象本身），选定中心点（或基点、旋转轴），单击确
定，结果如图 2-72（a）所示。若清除"环形阵列"屏幕操作中的旋转项目（ROT）![旋转项目]，则
环形阵列后结果如图 2-72（b）所示。

图 2-71　"环形阵列"屏幕操作

"［　］"内各选项的含义为：

项目间角度（A）：指定项目之间的角度。

填充角度（F）：指定阵列中第一个和最后一个项目之间的角度。

旋转项目（ROT）：控制在排列项目时是否旋转项目。

c. 阵列对话框。

2014 版本中的 CAD 仍保留经典 AutoCAD 中的"阵列"对话框。

命令：ARAYCLASSIC

弹出"阵列"对话框，如图 2-73 所示。利用该对话框可以完成矩形和环形阵列。

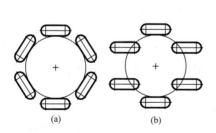

图 2-72　"环形阵列"上下文功能区　　　　图 2-73　"阵列"对话框

七、移动图形

在指定方向上按指定距离移动对象。

① 命令：MOVE↙ 或 M↙

② "默认"选项卡→"修改"面板→ ✛ 移动

③ 菜单栏→ 修改(M) → ✛ 移动(V)

选择对象：<u>选择被移动的对象</u>

选择对象：↙

指定基点或［位移（D）］＜位移＞：<u>指定基点↙</u>

指定第二个点或＜使用第一个点作为位移＞：<u>指定位移第二点↙</u>

八、旋转图形

使选择对象绕一个基点旋转一个相对或绝对的角度。

① 命令：<u>ROTATE↙ 或RO↙</u>

② "默认"选项卡→"修改"面板→ ◯ 旋转

③ 菜单栏→ 修改(M) → ◯ 旋转(R)

UCS 当前的正角方向：ANGDIR＝逆时针　ANGBASE＝0

选择对象：<u>选择被旋转的对象</u>

选择对象：↙

指定基点：<u>指定点 1</u>（如图 2-74 所示）

指定旋转角度，或［复制（C）/参照（R）］＜0＞：<u>指定旋转角度↙</u>（输入正值为按逆时针旋转）

在 AutoCAD 中有两种旋转方式：

默认旋转：源对象将按指定的旋转中心和旋转角度旋转至新的位置，不保留对象的原始副本，如图 2-74 所示。

复制（C）旋转：不仅可将对象旋转至新的位置，还可以在旋转出新对象时保留源对象。

参照（R）：指定当前参照角度和所需的新角度，即从当前角度将对象旋转到新的绝对角度。可以使用"参照"选项放平一个对象或者将它与图形中的其他要素对齐。使用该选项的操作过程如下：

UCS 当前的正角方向：ANGDIR＝逆时针　ANGBASE＝0

选择对象：<u>指定对角点：找到 1 个</u>

选择对象：↙

指定基点：<u>指定基点 1↙</u>

指定旋转角度，或［复制（C）/参照（R）］＜0＞：<u>R↙</u>

指定参照角＜0＞：<u>输入原角度↙</u>

指定新角度或［点（P）］＜0＞：<u>P↙</u>

指定第一点：<u>捕捉端点 2↙</u>指定第二点：<u>捕捉端点 3↙</u>（如图 2-75 所示）

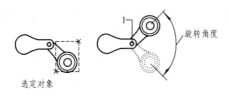

图 2-74　旋转命令举例

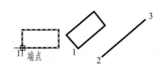

图 2-75　参照旋转举例

九、比例缩放图形

放大或缩小选择对象。

① 命令：SCALE↙ 或 SC↙

②"默认"选项卡→"修改"面板→ 🔲 缩放

③ 菜单栏→ 修改(M) → 🔲 缩放(L)

选择对象：选择对象

选择对象：↙

指定基点：指定比例缩放的基准点↙（即缩放中心点）

指定比例因子或［复制（C）/参照（R）］：R↙（此处可直接输入缩放倍数）

指定参照长度<1.0000>：79↙

指定新的长度或［点（P）］<1.0000>：107↙（如图 2-76 所示）

十、拉伸图形

沿某一方向拉伸图形，而保持与原图中不动部分的相连，见图 2-77。

① 命令：STRETCH↙或 S↙

②"默认"选项卡→"修改"面板 → 📐 拉伸

③ 菜单栏→ 修改(M) → 📐 拉伸(H)

以交叉窗口或交叉多边形选择要拉伸的对象。

选择对象：指定对角点 12

选择对象：↙

指定基点或［位移（D）］<位移>：指定点 3

指定第二个点或<使用第一个点作为位移>：指定点 4（如图 2-77 所示）

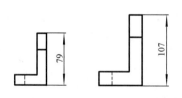

图 2-76　比例缩放举例

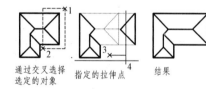

图 2-77　拉伸命令举例

提示：（1）拉伸命令只能用 C 方式（交叉窗口或交叉多边形）选择实体。

（2）命令执行后，与选择窗口相交的实体将被拉长或压缩；完全在选取窗口外的实体不变；完全在选取窗口内的实体将发生移动。

（3）AutoCAD 只能拉伸圆弧、椭圆弧、直线、多段线、样条曲线等有端点的实体。

十一、拉长图形

修改对象的长度和圆弧的包含角。

① 命令：LENGTHEN↙或 LEN↙

②"默认"选项卡→"修改"面板→ 修改 ▾ → ⟋

③ 菜单栏→ 修改(M) → ⟋ 拉长(G)

选择对象或［增量（DE）/百分数（P）/全部（T）/动态（DY）］。

［　］内各选项含义如下：

增量（DE）：以指定的长度或包含角增量改变对象。

百分数（P）：指定对象总长度或圆弧总角度的百分比来改变对象。

全部（T）：给定对象全长或圆弧总角度。

动态（DY）：用鼠标拖动将指定端点移动到所需的长度或角度，而另一端保持固定。

提示：拉长命令只能用直接点取方式选择实体，且一次只能选一个实体。但可以多次重复，直到得到满意的结果后终止命令。

十二、修剪图形到边界

在一个或多个对象定义的边界上精确地修剪对象。

① 命令：TRIM↙ 或 TR↙

②"默认"选项卡→"修改"面板→ ⊬ 修剪 ·

③ 菜单栏→ 修改(M) → ⊬ 修剪(T)

当前设置：投影＝UCS 边＝延伸

选择剪切边 …

选择对象或＜全部选择＞：指定对角点：找到 3 个

选择对象：↙

选择要修剪的对象，或按住 Shift 键选择要延伸的对象，或［栏选（F）/窗交（C）/投影（P）/边（E）/删除（R）/放弃（U）］：

如图 2-78 所示，图 2-78（a）经修剪后得到最终结果，如图 2-78（c）所示。

提示：修剪边界一次可选多个实体，修剪边界同时也可作为被剪切实体。

在选择修剪边界提示下，直接按回车键（＜全部选择＞）将选中当前文件中所有实体作为边界。

选项 E（边）：指定边界的延伸方式。应用结果见图 2-79（c），操作过程如下：

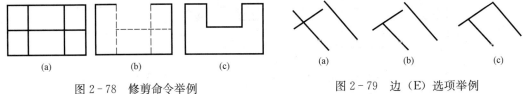

图 2-78　修剪命令举例　　　　　　　　图 2-79　边（E）选项举例

选择对象或 ＜全部选择＞：↙

选择要修剪的对象，或按住 Shift 键选择要延伸的对象，或［栏选（F）/窗交（C）/投影（P）/边（E）/删除（R）/放弃（U）］：E↙

输入隐含边延伸模式［延伸（E）/不延伸（N）］＜延伸＞：↙

选择要修剪的对象，或按住 Shift 键选择要延伸的对象，或［栏选（F）/窗交（C）/投影（P）/边（E）/删除（R）/放弃（U）］：

十三、延伸实体到边界

① 命令：EXTEND↙ 或 EX↙

②"默认"选项卡→"修改"面板→⊬ 修剪 · → ┄┄╱ 延伸

③ 菜单栏→ 修改(M) → ┅✓ 延伸(D)

延伸命令与修剪命令的操作过程类似，此处不再赘述。

另外，通过按住 Shift 键可在修剪命令和延伸命令之间进行切换。

十四、打断图形

删除指定两点之间的实体部分，或将实体在断点处一分为二。

① 命令：BREAK✓或 BR✓

② "默认"选项卡→"修改"面板→ 修改▾ → ⌐⌐

③ "默认"选项卡→"修改"面板→ 修改▾ → ⌐

④ 菜单栏→ 修改(M) → ⌐ 打断(K)

选择对象：

指定第二个打断点或［第一点（F）］。

提示：（1）在缺省情况下，选择对象上的最近点将成为第一个断点；若将第二断点选在实体外，则与之最近的端点作为第二断点，相当于删除实体的一端；

（2）第一点（F）选项。需重新指定第一断点，操作过程如下：

指定第二个打断点 或［第一点（F）］：F✓

指定第一个打断点；

指定第二个打断点。

（3）在打断圆或圆弧时，是去掉断点1到断点2之间逆时针方向的部分。

十五、倒角

连接两个非平行的对象，通过延伸或修剪使它们相交或利用斜线连接。

① 命令：CHAMFER✓或 CHA✓

② "默认"选项卡→"修改"面板→ ⌐ 圆角 ▾ → ⌐ 倒角

③ 菜单栏→ 修改(M) → ⌐ 倒角(C)

（"修剪"模式）当前倒角距离 1＝0.0000，距离 2＝0.0000

选择第一条直线或［放弃（U）/多段线（P）/距离（D）/角度（A）/修剪（T）/方式（E）/多个（M）］：D✓

指定第一个倒角距离＜0.0000＞：10✓

指定第二个倒角距离＜10.0000＞：✓

选择第一条直线或［放弃（U）/多段线（P）/距离（D）/角度（A）/修剪（T）/方式（E）/多个（M）］：

选择第二条直线，或按住 Shift 键选择直线以应用角点或［距离（D）/角度（A）/方法（M）］：

分别选择两条非平行直线，系统按默认距离生成倒角，［ ］内各选项的含义如下：

多段线（P）：多段线的每个顶点处均作倒角处理，倒角线将成为多段线新的组成部分。

距离（D）：设定倒角至选定边端点的距离。

角度（A）：用第一条线的倒角距离和第二条线的角度设定倒角距离。

修剪（T）：控制是否将选定边修剪到倒角直线的端点。

方式（E）：设置倒角方式，控制使用两个距离还是一个距离和一个角度来创建倒角。

多个（M）：连续进行多处倒角。

初始对象   零倒角距离   非零倒角距离

图 2-80 倒角命令举例

提示：若输入倒角距离为 0（或直接单击两直线），则两直线相交并修剪多余线，见图 2-80。

十六、圆角

通过一个指定半径的圆弧来光滑地连接两个对象。

① 命令：FILLET↙或 F↙

②"默认"选项卡→"修改"面板→ 🔲 圆角 ▾

③ 菜单栏→ 修改(M) → 🔲 圆角(F)

当前设置：模式＝修剪，半径＝0.0000

选择第一个对象或［放弃（U）/多段线（P）/半径（R）/修剪（T）/多个（M）］：R↙

指定圆角半径＜0.0000＞：10↙

选择第一个对象或［放弃（U）/多段线（P）/半径（R）/修剪（T）/多个（M）］：

选择第二个对象，或按住 Shift 键选择对象以应用角点或［半径（R）］：

提示：若输入半径为 0，则与倒角命令中倒角距离为 0 时效果相同；

若选定两条平行直线，则将创建直径为两线距离值的半圆，而当前的圆角半径被忽略并保持不变；

在圆之间和圆弧之间可以有多个圆角存在，AutoCAD 选择端点最靠近选中点的圆角；

圆角命令不修剪圆，圆角弧与圆平滑地相连。

十七、分解

将复杂对象分解为各个组成部分，以便对其中的单个对象进行编辑操作。

① 命令：EXPLODE↙或 X↙

②"默认"选项卡→"修改"面板→ ⬚

③ 菜单栏→ 修改(M) → ⬚ 分解(X)

十八、合并

将独立的图形对象合并为一个整体。只有圆弧可以合并到源圆弧。所有的圆弧对象必须具有相同半径和中心点，但是它们之间可以有间隙。从源圆弧按逆时针方向合并圆弧。

① 命令：JOIN↙或 J↙

②"默认"选项卡→"修改"面板→ 修改 ▾ → ⊶

③ 菜单栏→ 修改(M) → ⊶ 合并(J)

选择源对象或要一次合并的多个对象：选择下方圆弧

选择要合并的对象：选择上方圆弧

选择要合并的对象：↙

2 条圆弧已合并为 1 条圆弧（如图 2-81 所示）。

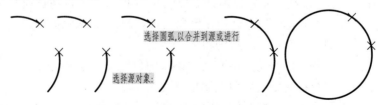

图 2-81 合并举例

闭合（L）：将源圆弧转换成圆。

选择源对象或要一次合并的多个对象：<u>选择圆弧</u>

选择要合并的对象：↙

选择圆弧，以合并到源或进行［闭合（L）］：L↙

已将圆弧转换为圆（如图 2-81 所示）。

第三章 体的投影与三视图

国家标准《技术制图　投影法》规定，物体位于观察者与投影面之间，物体的正面投影称为主视图；水平投影称为俯视图；侧面投影称为左视图。在视图中，规定物体的可见轮廓线画成粗实线，不可见轮廓画成虚线，见图 3-1（a）。

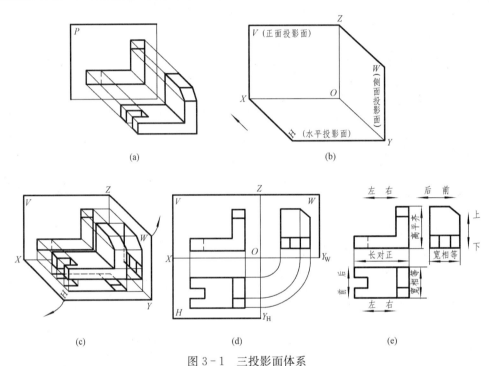

图 3-1　三投影面体系

（a）单面投影；（b）三面投影体系；（c）三面投影；（d）三面投影展开；（e）三视图投影规律

为了将三个视图画在一张图纸上，国家标准规定：正面投影面保持不动，把水平投影面向下绕 OX 轴旋转 $90°$，把侧面投影面绕 OZ 轴向右旋转 $90°$，这样就得到在同一平面上的三视图，如图 3-1（d）所示。为了简化作图，在三视图中不画投影面的边框线和投影轴，视图之间的距离可根据具体情况确定，如图 3-1（e）所示。

三视图的位置关系是：以主视图为准，俯视图在主视图的正下方，左视图在主视图的正右方。在绘图和读图时必须注意每一视图所表示的物体的方位。其中主视图反映物体的上、下和左、右位置关系；俯视图反映物体的前、后和左、右关系；左视图反映物体的上、下和前、后位置关系。这里要特别注意：俯视图和左视图中都是靠近主视图的一边是物体的后面，而远离主视图的一边是物体的前面。

三视图还反映了物体三个视图之间的度量关系，其中，主视图和俯视图的长度（沿 X 轴方向的尺寸）相等；主视图和左视图的高度（沿 Z 轴方向的尺寸）相等；俯视图和左视图的宽度（沿 Y 轴方向的尺寸）相等。由此可知：主视图反映物体的长和高；俯视图反映物体的长和宽；左视图反映物体的宽和高。在画图时要符合"长对正、高平齐、宽相等"的投影规律（简称"三等"规律）。

第一节 基本体的三视图及其尺寸标注

任何机器零件，都可以看作是由一些单一的几何形体（如棱柱、棱锥、圆柱、圆锥等）组成。因此，在分析形体的投影时，首先应分析清楚单一的几何形体，然后再分析它们组合后的投影。通常把单一的几何形体称为基本体，组合后的形体称为组合体。基本体又分为平面基本体和曲面基本体。在曲面基本体中，我们只分析轴线垂直于投影面的回转体，如圆柱、圆锥、球体的投影特性和作图方法。

一、平面立体

所有表面均为平面的基本体称为平面立体。最常见的有棱柱和棱锥。

1. 棱柱

棱柱的表面是棱面和底面。底面为多边形，相邻两棱面的交线为棱线，棱柱的棱线相互平行。按棱线的数目可分为三棱柱、四棱柱、五棱柱等。棱线与底面垂直的棱柱称为直棱柱。这里只讨论直棱柱。

（1）直棱柱的三视图：下面以直六棱柱为例说明其投影特性。图 3-2（a）反映了一个直六棱柱在三投影面体系中的投影情况。图 3-2（b）是直六棱柱的三视图。由于棱柱的上、下底面平行于水平投影面，所以俯视图反映实形，主视图和左视图都积聚成两段横线。直六棱柱的六个棱面都垂直于水平投影面，所以它们的俯视图都积聚在正六边形的六条边上。前、后棱面的主视图是反映实形的长方形，左视图积聚成二段直线。其余四个棱面的主视图和左视图都是类似的长方形。

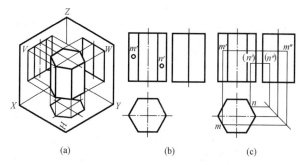

图 3-2 直棱柱三视图及其棱面上的点

因此，当直六棱柱的棱线垂直于投影面时，三视图的特点是：一个视图反映上、下底面的实形，其他两视图反映棱线的长度。画图时应先画反映底面实形的那个视图，再按投影关系画出另外两个视图。由于图形对称，故需用点画线画出对称中心线。

棱柱也可看成是由一个特征面（如上例中的六边形）沿其垂直方向经拉伸而形成。特征面在所平行的投影面上的投影反映实形，应首先画出。其余两投影中特征面的起止位置都积聚成直线；自特征面的顶点作拉伸方向的平行线，与特征面拉伸前后的积聚性投影相交而形成矩形轮廓线。

（2）在直棱柱表面上取点：表面上取点是已知表面上点的一个投影，求出它的另外两个投影。由于直棱柱的表面均为平面，所以在棱柱表面取点与在平面上取点的方法相同。由于图 3-2 所示为直六棱柱，各个棱面都处于特殊位置，因此在表面上取点可利用平面的积聚性投影作图。

如在图3-2（b）中已知棱柱表面上点 M 和 N 的正面投影 m' 和 n'，求水平投影 m、n 和侧面投影 m''、n''。作图方法见图3-2（c）。因 m' 为可见，所以点 M 必在棱柱的左前棱面上。又因该棱面的水平投影积聚在正六边形的一条边上，所以 m 在此边上。再按投影关系求得 m''（注意位置关系及可见性问题）。点 N 的其他两投影作图与点 M 相同。

2. 棱锥

棱柱与棱锥的区别在于，棱锥只有一个底面，且全部棱线交于一点，此点称为锥顶。按棱锥棱线数目多少可分为三棱锥、四棱锥等。

（1）棱锥的三视图：以四棱锥为例，当四棱锥处于图3-3（a）所示位置时，底面 $ABCD$ 是水平面，其俯视图反映实形，主视图和左视图积聚为一段直线；左右两棱面 $\triangle SAD$ 和 $\triangle SBC$ 为正垂面，在主视图上积聚成两段直线，左视图和俯视图为类似形；$\triangle SAB$ 和 $\triangle SCD$ 两个棱面为侧垂面，在左视图上积聚成两段直线，主视图和俯视图也为类似形，如图3-3（b）所示。

（2）在棱锥表面上取点：已知棱面上点 K 的水平投影 k，求 k' 和 k''。在棱锥表面上找点时，首先判断该棱锥面是什么位置的面，然后决定作图方法。图示点 K 在 $\triangle SAB$ 中，而 $\triangle SAB$ 为侧垂面，因此可利用左视图的积聚性投影，先求出 k''，再按投影规律由 k、k'' 求出 k'。也可采用在平面内作辅助线的方法，即过已知点 K 作直线 MN 平行于 AB 边，则 MN 的水平投影 $mn \parallel ab$。根据投影关系和两直线平行的投影特性，即 $m'n' \parallel a'b'$，由 k 向上引直线与 $m'n'$ 相交得 k'。而 MN 的侧面投影积聚为一点 $m''(k'')(n'')$，从而可求出点 k' 和 k''，如图3-3（c）所示。

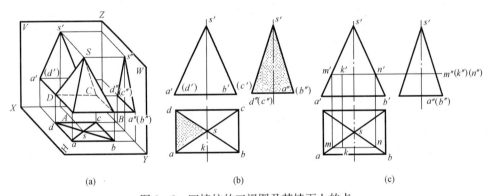

图3-3　四棱柱的三视图及其棱面上的点

二、回转体

一条动线（直线或曲线）绕轴线旋转所形成的曲面叫回转面，形成曲面的动线称为母线。回转体表面是由回转面或回转面与平面包围构成的，最常见的回转体有圆柱、圆锥、球等。

1. 圆柱

（1）形成：圆柱体的表面有圆柱面和两个底平面。圆柱面可看成由一条直线 AA_1 绕与其平行的轴线 OO_1 旋转而成。直线 AA_1 为母线，见图3-4（a）。圆柱面上任意一条平行于轴线的直线称为圆柱的素线。母线上任意一点的运动轨迹是一个圆，称为纬圆。纬圆所在的平面垂直于轴线。

（2）圆柱的三视图：当圆柱体的轴线垂直于水平投影面时，圆柱面上所有的素线也都垂直于水平投影面。此时，圆柱面在俯视图中积聚在一圆周上，圆柱面在主视图中的轮廓线是圆柱面上最左、最右两条素线的投影，在左视图中的轮廓线是圆柱面上最前、最后两条素线的投影。圆柱体的上下底面为水平面，故俯视图为圆，而其主、左视图积聚为两段直线。由此可知：圆柱体的一个视图为圆，另两个视图为大小相同的矩形。画图时，先画出圆柱体投影为圆的视图，再画出投影为矩形的另两个视图。因圆柱体是回转体，在投影为矩形的视图上要先画出轴线，用点画线表示，在投影为圆的视图上要画出垂直相交的两条点画线，表示圆的中心线，见图 3-4（b）、（c）。

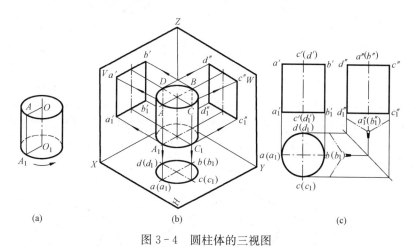

(a)   (b)   (c)

图 3-4　圆柱体的三视图

（3）轮廓素线的投影和圆柱的投影分析：圆柱面上最左、最右和最前、最后的 4 条素线分别是其 V 面和 W 面投影的 4 条轮廓素线。其最左、最右两条素线在俯视图上积聚在横向中心线与圆周的最左、最右交点处，在左视图上与圆柱体的轴线重合，此时只画轴线。圆柱面上最前、最后两条素线在俯视图上积聚在竖向中心线与圆周的最前、最后交点处，在主视图上与圆柱的轴线重合，也只画轴线。最左和最右两条素线把圆柱面分为前后两个部分，对主视图来说，前半个柱面看得见，后半个柱面看不见，这两条素线成为圆柱面主视图的可见性的分界线（图 3-5）。同

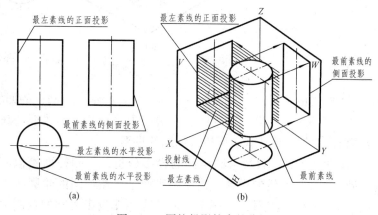

(a)   (b)

图 3-5　圆柱投影轮廓的分析

理，最前、最后两条素线成为圆柱面左视图的可见性的分界线。

（4）圆柱面上取点：如图 3-6 所示，已知圆柱面上点 M 和 N 的正面投影 m' 和 n'，其中 n' 不可见，求作其余投影。由于圆柱体轴线垂直于水平投影面，圆柱面在俯视图上有积聚性，因 m' 可见，则 m 应在俯视图的前半周上；n' 为不可见，则 n 应在俯视图的后半周

上。根据投影关系，侧面投影 m'' 可见，n'' 不可见。

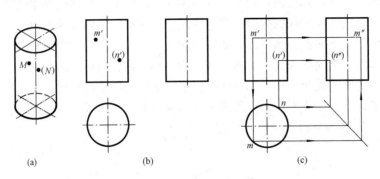

图 3-6　圆柱面上取点

2. 圆锥

（1）形成：圆锥体表面是圆锥面和一个底面，如图 3-7（a）所示。圆锥面是由一条和旋转轴 OO_1 相交的直线 SA 旋转而成。S 称为锥顶，直线 SA 称为母线，圆锥面上通过顶点 S 的任一条直线称为圆锥的素线。

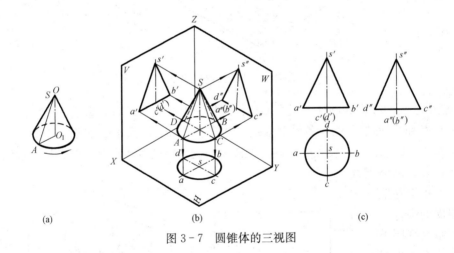

图 3-7　圆锥体的三视图

（2）圆锥的三视图：如图 3-7（b）、（c）所示，当圆锥的回转轴垂直于水平投影面时，圆锥体的俯视图为一圆；主视图和左视图为等腰三角形线框，其 4 条腰线分别是圆锥面上 4 条素线的投影，底边代表圆锥底面圆的投影。

（3）轮廓素线的投影与圆锥面的投影分析：与圆柱面类似，圆锥面上最左、最右、最前、最后的 4 条素线的投影，构成圆锥面主、左视图的轮廓线，如图 3-7（b）中的 SA、SB、SC、SD。但应注意，圆锥面的轮廓线在投影为圆的视图上是没有积聚性的。圆锥面上投影可见性的分析与圆柱面相同。

（4）圆锥面取点：如图 3-8（a）、（b）所示，已知圆锥面上点 K 的正面投影 k'，试求 k 和 k''。由于圆锥面在三视图中没有积聚性，为求点 K 的水平面和侧面投影，可用辅助线求解，方法有两种：

1）辅助素线法。如图 3-8（a）所示，过 k' 作素线 SA 的正面投影 $s'a'$，使 a' 在底面圆的投影上。然后作出 SA 的另两投影 sa 和 $s''a''$，用直线上找点法，在 sa 上找出 k，在 $s''a''$ 上找出 (k'')。

2）辅助纬圆法。如图 3-8 (b) 所示，过点 K 在圆锥面作一纬圆，此圆所在的平面必垂直于回转轴，其正面投影和侧面投影均积聚成一段水平线，水平投影是底圆的同心圆。将纬圆的三个投影画出后，点 K 的另外两投影则分别在纬圆的同面（即同一个投影面）投影上，按投影作图可得 k 和 k''。

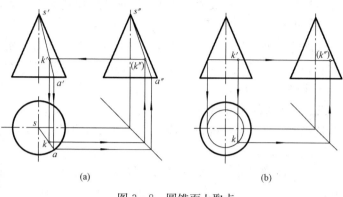

图 3-8 圆锥面上取点
(a) 辅助素线法；(b) 辅助纬圆法

辅助素线法只能用于母线为直线的回转面（如圆锥面），作图时直线的一端必须过顶点。而辅助纬圆法可适用于各种回转面。

3. 球

(1) 形成：一条圆母线 A [图 3-9 (a)]绕通过圆心的轴线（直径）旋转半周后形成球体，或一个半圆绕直径回转一周形成球体。

(2) 球体的三视图：球体的特点是，从任何方向投射，其在投影面上的投影均为圆，并且分别为三个和球直径相等的圆，如图 3-9 (c) 所示。这三个圆是球三个方向轮廓素线的投影，球在平行于正面投影面、水平投影面、侧面投影面三个方向的轮廓素线圆分别为 A、B、C [图 3-9 (b)]。A 在主视图上反映为 a'，在俯视图和左视图上都积聚成一条直线 a 和 a''，并与中心线重合；同样，B 在俯视图上反映为 b，其余两个视图为 b' 和 b''；C 在左视图上反映为 c''，其余两个视图为 c 和 c'。

(3) 球面上取点：如图 3-10 所示，若已知球表面上一点 K 的正面投影 k'，试求 k 和 k''。

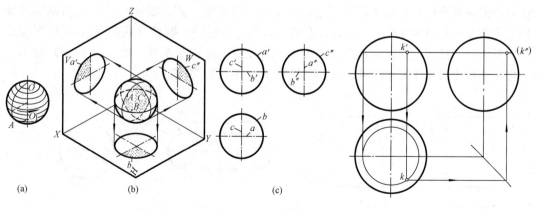

图 3-9 球体的三视图   图 3-10 球面上取点

由于球面母线不是直线，故只能用辅助纬圆法。过点 K 在球面上作一水平圆，该圆在主视图和左视图上都积聚成一水平线，俯视图上为圆。当求出纬圆的三个投影后即可用线上找点法求出点 K 的水平投影 k 和侧面投影 k''。

球面的可见性，以三个方向轮廓素线为界，应认真分析。在图 3-10 中，因 k' 可见，故 K 在球面的右、前、上方，这样水平投影 k 必在俯视图的右前方，为可见，在左视图上，因点 K 被左半球遮挡而不可见，应为（k''）。

三、基本体的尺寸标注

基本体的尺寸通常由长、宽、高三个方向的尺寸来确定。

1. 平面立体

平面立体的尺寸应根据其具体形状进行标注。如图 3-11（a），应注出三棱柱的底面尺寸和高度尺寸。对于图 3-11（b）所示的六棱柱，底面尺寸有两种注法，一种是注出正六边形的对角线尺寸（外接圆直径），另一种是注出正六边形的对边尺寸（内切圆直径，通常也称为扳手尺寸），常用的是后一种注法，而将对角线尺寸作为参考尺寸，所以加上括号。图 3-11（c）所示正五棱柱的底面为正五边形，只需标注其外接圆直径。图 3-11（d）所示四棱台必须注出上、下底面的长、宽尺寸和高度尺寸。

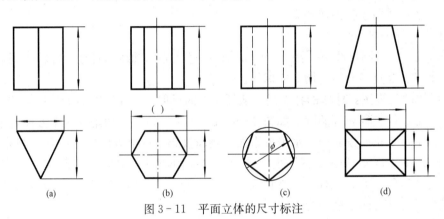

图 3-11　平面立体的尺寸标注

2. 曲面体

如图 3-12（a）、图 3-12（b）所示，圆柱（或圆锥）应注出底圆直径和高度尺寸，圆台还要注出顶圆直径。在标注直径尺寸时应在数字前加注"ϕ"。图 3-12（c）所示的环要注出母线圆及中心圆直径尺寸。值得注意的是，当完整标注了圆柱（或圆锥）、环的尺寸之后，只要用一个视图就能确定其形状和大小，其他视图可省略不画。图 3-12（d）所示的球只用一个视图加标注尺寸即可，球在直径数字前应加注"$s\phi$"。

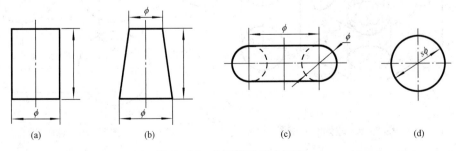

图 3-12　曲面体的尺寸标注

第二节　基本体被平面切割后的投影

立体被平面截切后的形体称为截切体，该平面则称为截平面，截切后在立体上所得到的平面图形称截断面，截断面由封闭的线框组成，此线框称为截交线，截交线是截平面与体表面的交线。

一、截切平面立体的投影

平面立体被平面截切后所得到的截交线是由直线组成的封闭多边形，其多边形的边数和形状取决于平面立体的形状和截平面与平面立体的相对位置，平面立体截交线的作图方法和步骤如下：

（1）分析截交线的形状。是矩形、三角形、还是多边形。

（2）分析截交线的投影特性。积聚性、类似形等。

（3）画出截交线的投影。分别找出截平面与棱线的公有点，截平面与立体表面的公有线，并连接成多边形。

【例 3 - 1】 试求四棱锥被一正垂面 P 截切后的三视图（图 3 - 13）。

解 （1）空间及投影分析：因截平面 P 与四棱锥四个棱面都相交，所以截交线为四边形，它的四个顶点即四棱锥的四条棱线与截平面 P 的交点。截平面垂直于正面投影面，而倾斜于侧面投影面和水平投影面，所以截交线在主视图上积聚成一段直线 p'，而在俯视图和左视图上则为类似形。

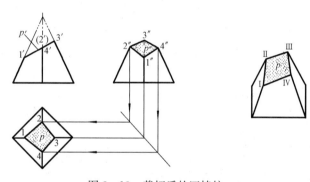

图 3 - 13　截切后的四棱柱

（2）作图：先画出完整的正四棱锥的三视图。再画截交线的投影，因截平面 P 的主视图具有积聚性，所以截交线四边形的四个顶点Ⅰ、Ⅱ、Ⅲ、Ⅳ的正面投影 $1'$、$2'$、$3'$、$4'$ 可直接由 P 平面积聚性投影——直线与正四棱锥四条棱线的交点得出。根据直线上点的投影特性，可在左视图和俯视图上分别求出 $1''$、$2''$、$3''$、$4''$ 和 1、2、3、4，将同面投影依次相连，即得截交线的侧面投影和水平投影，然后擦去被截平面 P 截去的部分。注意在俯视图和左视图上，不要漏画立体的棱线的投影，不可见部分用虚线画出。

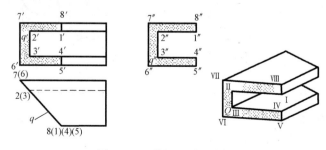

图 3 - 14　截切后的八棱柱

【例 3 - 2】 试求平面立体（槽钢）被铅垂面 Q 截切后的主视图（图 3 - 14）。

解 （1）空间及投影分析：铅垂面 Q 截切八棱柱，与八棱柱的八条棱线都相交，所以截平面是由八条线组成的八边形。根据铅垂面的投影特性，这个八边形在俯视图上

积聚成一段直线 q，在左视图上为类似形 q''，然后根据"长对正，高平齐"的投影规律，即可求得八边形的正面投影 q'。

（2）作图：先画出完整的八棱柱的主视图，因八棱柱截交线的八个顶点的水平投影 1、2、3、4、5、6、7、8 和侧面投影 $1''$、$2''$、$3''$、$4''$、$5''$、$6''$、$7''$、$8''$ 为已知，根据投影关系，可求出正面投影 $1'$、$2'$、$3'$、$4'$、$5'$、$6'$、$7'$、$8'$，并将各点依次连接起来，即为截交线的正面投影。注意擦去多余线，补上其余平面和直线的投影。

二、截切回转体的投影

回转体被截平面截切所得到的截交线是两面的公有线，它既在回转面上，又在截平面上，而公有线是由一系列公有点组成。因此，求截交线的方法实质上是求公有点的方法。

求平面与回转面的截交线的步骤是：

（1）分析截交线的形状：截平面截切回转体所产生的截交线是一封闭的平面图形，该图形的形状取决于回转体的形状和截平面与回转体的相对位置。

（2）分析截交线的投影：分析截平面与投影面的相对位置，明确截交线的投影特性，如积聚性，类似性等。

（3）画出截交线的投影：如截交线的投影形状为矩形、三角形或圆时，则比较容易画出。如其投影为椭圆等非圆曲线时，一般要先求出截交线上最前、最后、最左、最右、最高、最低以及虚实线分界处的特殊点，然后再求出一般位置点，光滑连接即可。

下面分别叙述常见回转体如圆柱体、圆锥体、球体等的截交线的画法。

1. 圆柱体上的截交线

当截平面与圆柱体轴线处于平行、垂直、倾斜时，在圆柱体表面上所产生的三种截交线（表 3-1）分别是：

表 3-1　　　　　　　　　　　　　　圆柱体上的三种截交线

截平面位置	平行于轴线	垂直于轴线	倾斜于轴线
截交线形状	矩　形	圆	椭　圆
立　体　图	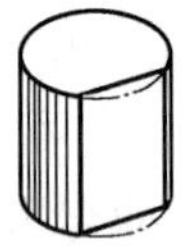	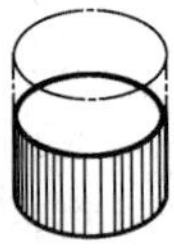	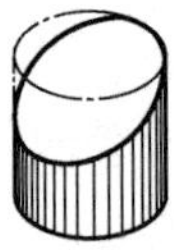
投　影　图	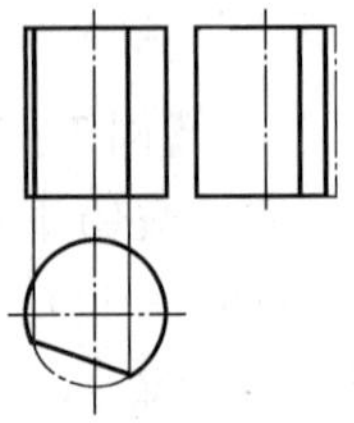	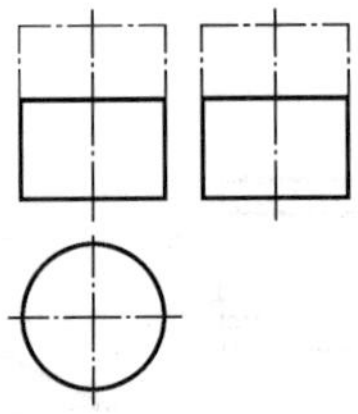	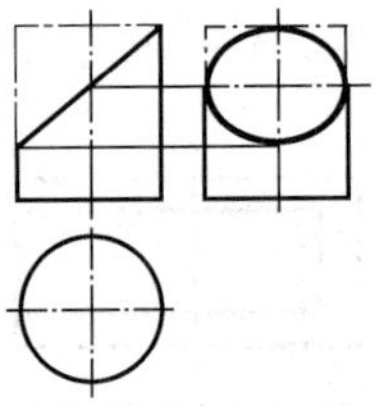

（1）平行于圆柱轴线的矩形，圆柱面上是两条直素线；

（2）垂直于轴线且直径等于圆柱直径的圆；

（3）倾斜于轴线的椭圆，而椭圆短轴等于圆柱直径。

【例 3－3】　在圆柱面上铣出一凸榫，已知主视图和左视图，求作俯视图（图 3－15）。

　解　（1）分析：从主视图可看出，凸榫是由两个与轴线平行的水平面 P、Q 和两个与轴线垂直的侧平面 T_1、T_2 切出的。前者与圆柱面的交线是 4 条与圆柱轴线平行的直线，后者与圆柱面的交线是两段圆弧。平面 P、Q 为水平面，正面投影有积聚性。T_1 与圆柱面的交线为圆弧 BED，它的侧面投影为圆弧 $b''e''d''$，反映实形，并与圆柱面的侧面投影圆周重合。平面 T_2 的情况与 T_1 相同。

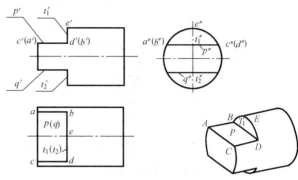

图 3－15　截切后的圆柱体

　（2）作图：根据投影关系，画出圆柱的俯视图，然后画出交线 ab 和 cd，根据 $b'e'd'$ 和圆弧 $b''e''d''$ 画出线段 bed；由于该截切体是对称的，面 Q 和面 T_2 所形成的交线在俯视图中分别与面 P 和 T_1 所生成的交线重影。

　（3）注意问题：俯视图中圆柱轮廓线是完整的，因切平面 T_1、T_2 没有达到圆柱轴线，bed 线段不应画到轮廓线处。

【例 3－4】　求一圆柱被正垂面截切后的俯视图（图 3－16）。

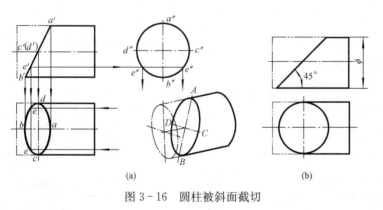

（a）　　　　　　　　　　　　（b）

图 3－16　圆柱被斜面截切

　解　（1）分析：截平面与圆柱轴线斜交，截交线是一椭圆。椭圆的正面投影在主视图上积聚为一段直线，在左视图上与圆柱的侧面投影圆重合。椭圆的投影在一般情况下仍为椭圆，且不反映实形，此题中的椭圆，其水平投影仍为椭圆。

　（2）作图：先找出椭圆长、短轴上端点的投影，然后再找出中间点的投影，用曲线光滑连接起来即得截交线的水平投影。

　1）空间椭圆的长、短轴相互垂直平分，A、B 两点的正面投影 a'、b' 位于圆柱的正面投影的轮廓线上，C、D 两点的正面投影位于 $a'b'$ 的中点处，侧面投影 a''、b''、c''、d'' 在圆周上，根据点的投影规律，求出 a、b、c、d 四点。

　2）一般点 E 的求法是先定出正面投影 e'，按照圆柱面上找点的方法求出它的侧面投影 e'' 和水平投影 e。

　3）将俯视图上求得的点用曲线光滑连接起来，即得椭圆的水平投影。如果截平面与水平面的夹角为 45°，则椭圆的水平投影将是一个圆，见图 3－16（b）。

【例 3－5】　在圆筒上开一方形槽，已知主视图和左视图，求作俯视图（图 3－17）。

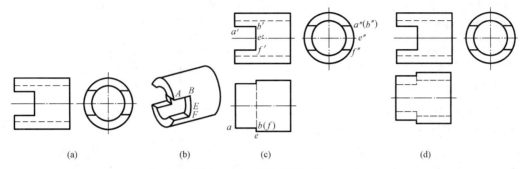

图 3-17　开方槽的圆孔

(a) 已知两视图，求第三视图；(b) 立体图；(c) 画俯视外形及方形槽与外圆柱面的交线；
(d) 画方形槽与圆柱面的交线，完成俯视图

解　(1) 分析。方形槽可看成为两个水平面与一个侧平面切割圆筒而形成。两水平面与内、外圆柱面的交线为 8 条与圆柱轴线平行的直线。侧平面与内、外圆柱面的交线为四段圆弧。

(2) 作图。首先画出完整的圆筒的俯视图，然后求出方槽与外圆柱面的交线的投影，如图 3-17 (c) 所示，再求出方槽与内圆柱面的交线的投影，如图 3-17 (d) 所示。

(3) 应注意的问题。应注意轮廓线的投影，由于内、外圆柱面上最前、最后素线有一段被切掉，所以在俯视图中就产生了前后两个缺口。因方槽侧平面被圆孔断开，故在俯视图上为两段虚线，见图 3-17 (d)。

2. 圆锥体上的截交线

平面与圆锥体相交时，根据截平面对圆锥轴线的不同位置，其截交线有五种情况。表 3-2 中列出了五种截交线的形状和投影。

表 3-2　　　　　　　　　　　**圆 锥 的 截 切**

截平面的位置	过 锥 顶	不 过 锥 顶			
		$\theta=90°$	$\theta>\alpha$	$\theta=\alpha$	$0\leqslant\theta<\alpha$
截交线的形状	等腰三角形	圆	椭圆	抛物线加直线段	双曲线加直线段
立 体 图					
投 影 图					

【例 3-6】　圆锥被一正垂面 P 截切，已知它的主视图，求作俯视图和左视图(图 3-18)。

解 （1）分析：正垂面 P 与圆锥的轴线斜交，且夹角大于锥顶角之半，所以截交线为一椭圆。截交线在主视图上积聚成一直线，在俯视图和左视图上仍为椭圆。

（2）作图：先求出特殊点，再求一般位置点，见图 3-18。

1）求椭圆长、短轴的端点 A、B、C、D。点 A、B 在主视图上的投影为 a'、b'，点 C、D 在主视图上的投影是 $a'b'$ 中点 c'、(d')。按投影关系和表面取点的方法求出它们的水平投影和侧面投影。

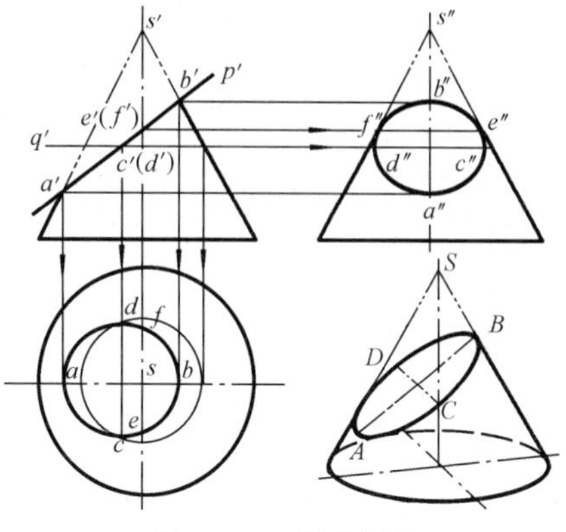

2）求最前、最后两根素线上的点 E、F。

3）用辅助纬圆法求其他一般位置点。

4）用曲线光滑连接各点，即得椭圆的水平投影与侧面投影。

（3）应注意的问题：在求截交线上的点时，除椭圆长、短轴的端点外，圆锥轮廓线上的点必须求出。

【例 3-7】 圆锥被一正平面 P 所截，求作其主视图（图 3-19）。

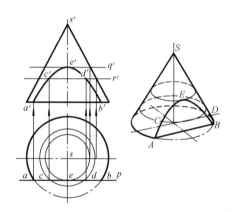

图 3-18 斜截圆锥

解 （1）分析：因正平面 P 与圆锥的轴线平行，所以截交线是双曲线加直线。双曲线在俯视图上与截平面 P 重合，而在主视图上反映实形。

（2）作图：先找出特殊点的投影，其中最低点 A 和 B 的水平投影 a、b 是截平面 P 与圆锥底面的水平投影的交点，由此得出 a' 和 b'；最高点 E 的水平投影 e 位于线段 ab 的中点，以 s 为圆心，se 为半径作圆，找出此圆所在平面 Q 的正面投影，即得到 e'；一般点 C 和 D 的求法同上。然后把所求得的点依次光滑连接即可，见图 3-19。

图 3-19 正平面截圆锥

3. 球的截交线

球的截交线都是圆。当截平面平行于基本投影面时，在该投影面上的截交线投影反映实形，而在垂直于截平面的投影面上的投影为直线段，直线段的长度为截交线圆的直径。当截平面倾斜于基本投影面时，截交线的投影为椭圆。

【例 3-8】 求作球面被水平面截切后的俯、左视图（3-20）。

解 （1）分析：因截平面是一水平面，所以截交线的水平投影为反映截交线实形的圆。

（2）作图：截平面有积聚性的投影与球轮廓线的交点之间的长度即为截交线圆的直径，从主、左视图上求得该直径，然后画出俯视图上的圆即可完成此题。

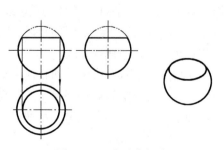

图 3-20 水平截切球

【例 3 - 9】 求作球面开槽后的俯、左视图（图 3 - 21）。

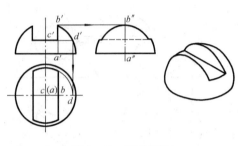

图 3 - 21　半球开槽

解　（1）分析：对称于半球中心的槽的左、右两个侧平面和水平面与球面的交线都是圆弧，而平面彼此相交是直线。

（2）作图：在主视图上，延长侧平面与球的水平中心线交于 a'，侧平面与球轮廓线相交于 b'，$a'b'$ 即为侧平面与球面交线圆的半径；延长水平面并交球轮廓线于 d'，水平面与竖直中心线交于 c'，则 $c'd'$ 即为水平面与球面交线圆的半径。以 $a'b'$ 为半径在左视图上作圆，以 $c'd'$ 为半径在俯视图上作圆。再根据投影关系求出其余投影。

三、带切口形体的尺寸标注

对于带切口的形体，除了标注基本形体的尺寸外，还要注出确定切平面位置的尺寸。必须注意，由于形体与切平面的相对位置确定后，切口的交线已完全确定，因此不应在交线上标注尺寸。图 3 - 22 中打"×"的为多余的尺寸。

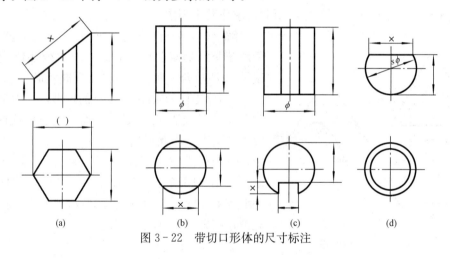

图 3 - 22　带切口形体的尺寸标注

第三节　体与体相交后的投影

相交的两立体称为相贯体，其表面交线称为相贯线。本节主要介绍垂直相交的两回转体表面相贯线的画法。两平面立体的相贯线可由求两平面交线的方法分别求出，这里不再讨论。

两回转体的相贯线是两回转体表面公有点的集合，一般是封闭的空间曲线，在特殊情况下相贯线是平面曲线或直线。

相贯线的形状取决于两回转体的形状、大小和它们轴线的相对位置。在作图时首先要判断两相贯体的形状和投影特点，然后再分析相贯线的形状和投影，根据相贯线是两回转面公有点的集合这一特征，找出一系列公有点后，即可连成光滑曲线。

一、表面取点法

表面取点法是根据投影具有积聚性的特点，由两回转体表面上若干公有点的已知投影求出其他未知投影,从而画出相贯线投影的一种方法。

【例3-10】 求作两垂直相交的圆柱体的相贯线(图3-23)。

解 (1)分析:由于两个直径不同的圆柱体的轴线垂直相交,相贯线为封闭的、前后左右对称的空间曲线。小圆柱轴线垂直于水平投影面,水平投影具有积聚性,其相贯线的水平投影和小圆柱水平投影的圆重合。大圆柱的轴线垂直于侧面投影面,侧面投影具有积聚性,相贯线投影一定也和大圆柱侧面投影圆重合。因此,只需要求出相贯线的正面投影。

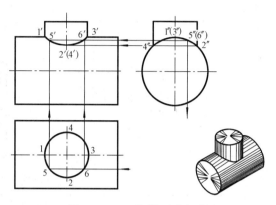

图3-23 两圆柱垂直相交

(2)作图:

1)求作特殊点:根据相贯线的最左、最右、最前、最后点的水平投影1、2、3、4及侧面投影$1''$、$2''$、$3''$、$4''$,求出正面投影$1'$、$2'$、$3'$、$4'$。

2)求作一般点:先任取相贯线上V、VI的侧面投影$5''$、$6''$,找出水平投影5、6,然后作出$5'$、$6'$。

3)将主视图上求得的各点依次光滑连接起来,即得到所求相贯线的投影。

两圆柱垂直相交在物体中是最常见的现象,它们的相贯线有三种形式,两圆柱外表面相交,相贯线是上下对称的两条闭合空间曲线,见图3-24。

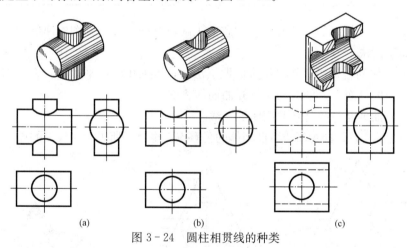

(a)　　　　　　　　(b)　　　　　　　　(c)

图3-24 圆柱相贯线的种类

外表面和内表面相交(孔与实心圆柱相交),相贯线也是上下对称的两条闭合空间曲线,也就是孔壁的上下孔口曲线。两内表面相交(两圆柱孔相交),相贯线同上,所不同的是图中以虚线表示,见图3-24。

表3-3和表3-4表明了两圆柱相交时,直径大小的变化和相对位置变化对相贯线形状的影响情况。从表中可以看出圆柱相贯线的弯曲方向总是朝向直径较大的圆柱的轴线。当轴线相交的两圆柱直径相等时,即公切于一个球面时,相贯线为平面曲线——椭圆,且椭圆的平面垂直于两圆柱轴线决定的平面。

表 3 - 3　　　　　　　轴线垂直相交的两圆柱直径相对变化时相贯线的影响

两圆柱直径的关系	水平圆柱较大	两圆柱直径相等	水平圆柱较小
相贯线特点	上下两条空间曲线	两个互相垂直的椭圆	左右两条空间曲线
投　影　图			

表 3 - 4　　　　　　　相交两圆柱轴线相对位置变化对相贯线的影响

两轴线垂直相交	两轴线垂直交叉		两轴线平行
	全　贯	互　贯	

在画图时，对相贯线的形状有一个大致的了解，有助于提高画图的速度和准确性。

二、辅助平面法

当求两曲面体的相贯线不能采用表面取点法时，可采用辅助平面法，方法如下：

（1）作一辅助平面 P，使其与两已知曲面体相交。

（2）作出辅助平面与两已知曲面体的交线。

（3）两交线的交点，即为所求两曲面体的公有点，也就是所求相贯线上的点，见图 3 - 25。

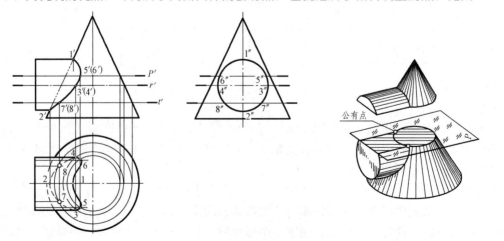

图 3 - 25　用辅助平面法研究锥柱正贯

选择什么位置的辅助平面，应根据所给曲面体的形状和相对位置及投影位置来决定。为使作图简化，选择辅助面的原则是，要使辅助平面与两曲面体的交线的投影都是简单易画的图形，如直线或圆。在作图时要注意确定两曲面轮廓上的特殊点，用以判断两曲面和相贯线的范围和可见性。

【例 3 - 11】 求作圆柱与圆锥相贯线的投影（图 3 - 25）。

解　（1）分析：圆柱与圆锥轴线垂直相交，相贯线为一条前后对称的封闭空间曲线。相贯线的侧面投影积聚成一圆，其正面投影和水平投影需作图求出。对两曲面体同时适用的辅助面为水平面或过锥顶的侧垂面，它与曲面体的截交线是圆或直线。在此选择水平面为辅助平面。

（2）作图：

1）求特殊点：由于交线的侧面投影积聚成一圆，所以交线的最高点和最低点的侧面投影是 $1''$ 和 $2''$，最前点和最后点的侧面投影是 $3''$ 和 $4''$。通过 $3''$ 和 $4''$ 作水平辅助平面 R 与圆柱和圆锥相交，求出它们的水平投影 3 和 4，然后由 3、4 在 r' 上求出 $3'$ 和 $4'$。点 3 和 4 也是交线的水平投影可见与不可见的分界点，从上往下投影时，圆柱的上半部分与圆锥面的交线可见，下半部分的交线不可见。

2）求一般点：在适当位置作辅助水平面 P、T。平面 P 与圆锥交线为圆，与圆柱交线为矩形，找出这个矩形和圆的水平投影，它们的交点 5、6 就是所求交线上点的水平投影。它们的正面投影 $5'$、$(6')$ 位于水平面的正面投影 p' 上。同理，可找出平面 T 与圆柱和圆锥的交线及它们的交点的水平投影 7、8 和正面投影 $7'$、$(8')$。

3）辨别可见性，并光滑连接各点：在俯视图上，圆柱上半部分可见，下半部分不可见，故点 4、6、1、5、3 为可见，连成实线，其余部分为不可见，连成虚线。在主视图上，相贯线前后部分投影重合，因此用实线画出。

【例 3 - 12】 求作圆柱与半球的相贯线投影（图 3 - 26）。

解　（1）分析：圆柱轴线和半球的轴线处在同一正平面内。圆柱水平投影有积聚性，因此相贯线的水平投影与圆柱水平投影重合为圆。只需作出相贯线的正面和侧面投影。选择正平面为辅助平面。

（2）作图：

1）求特殊点：由俯视图可知，1、2、3、4点均为特殊点的水平投影，它们都在圆柱的轮廓

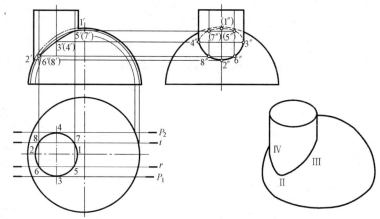

图 3 - 26　柱球相贯

素线上。其中点 1 为最高点的水平投影，点 2 为最低点的水平投影。根据主、俯视图可求出 $1''$、$2''$。过Ⅲ、Ⅳ两点可作 P_1、P_2 两个辅助正平面。平面 P_1 与球的截交线为半圆，与圆柱相切于最前素线，在主视图上半圆为实形，最前素线与圆柱轴线重合，半圆与轴线交于

$3'$，因相贯线前后对称，$4'$与$3'$重合。由$3'$、3 和 $4'$、4 求出 $3''$、$4''$。$3''$、$4''$为相贯线在左视图中的可见性分界点。

2）求一般点：在适当位置作辅助正平面 R、T，其与圆柱的截交线为与圆柱轴线平行的两直线，与球的交线为半圆，由此求出相贯线上一般点的正面投影和侧面投影，即分别为 $5'$、$6'$、$7'$、$8'$和 $5''$、$6''$、$7''$、$8''$。

3）辨别可见性，连成光滑曲线：在左视图上 $3''$和 $4''$为可见性的分界点，$3''$、$6''$、$2''$、$8''$、$4''$为可见，用实线光滑连接。其余为不可见点，用虚线连接，在主视图上，相贯线前后部分投影重合，因此用实线画出，见图 3-26。

三、相贯线的特殊情况

在有些情况下，两曲面体的相贯线是平面曲线，投影可能为直线。

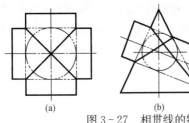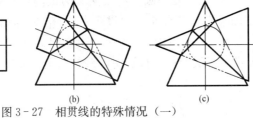

（a）　　　　　　　　　（b）　　　　　　　　（c）

图 3-27　相贯线的特殊情况（一）

（1）当两个二次曲面公切于第三个二次曲面时，则这两个二次曲面的相贯线为平面曲线。如图 3-27 中所示的圆柱、圆锥，它们的轴线相交，且都平行于正面投影面，并同时切于一个球面，其相贯线是两个相交的椭圆，两椭圆在与轴线平行的投影面上的投影积聚成两相交直线，其余两投影或是圆，或是椭圆。

（2）两个同轴回转面的相贯线，是垂直于轴线的圆。当回转面的轴线平行于投影面时，这个圆在该投影面上的投影为垂直于轴线的直线，如图 3-28 所示。

四、正交两圆柱相贯线的近似画法

在工程图中，遇到两圆柱垂直相交时，若不需精确地画出相贯线的投影允许简化，即用圆弧或直线代替非圆曲线，如图 3-29 所示。

图 3-29 为轴线垂直相交，且平行于正面投影面的大、小两个圆柱相贯，其相贯线的投影可用大圆柱的半径所画的圆弧代替。具体画法是：以大圆柱的半径为半径，圆心取在小圆柱的轴线上，从两圆柱轮廓线的交点处开始画一圆弧，作为相贯线的正面投影。

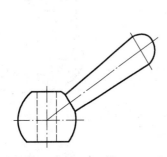

图 3-28　相贯线的特殊情况（二）

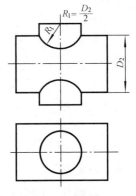

图 3-29　用圆弧代替相贯线

第四章 组 合 体

从几何角度看，机器零件大多可看成是由若干基本立体经过叠加、切割或穿孔等方式组合而成的。在本课程中，常把由两个或两个以上的基本立体按一定形式组合而成的物体，统称为组合体。

在前面的几章中，立体在投影体系中的投影分别称为正面投影、水平投影和侧面投影。按照国家标准的有关规定，用正投影法所绘制出物体的图形，称为视图。相应地正面投影、水平投影和侧面投影又分别称为主视图、俯视图和左视图（即三视图）。本章讨论组合体三视图的画法、读图及尺寸标注。

第一节 组合体的组合形式分析

一、组合体组合形式

组成组合体有两种方法，即叠加或切割。组合体按其组成形式，可分为叠加式、切割式（挖切穿孔）和综合式，综合式是用叠加和切割两种方法形成的。如图4-1所示。

应当指出，在许多情况下叠加式与切割式并无严格的界限。同一形体既可按叠加式进行分析，也可按切割式去理解，一般应根据情况以便于作图和易于分析理解为原则。

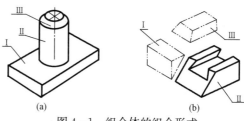

图4-1 组合体的组合形式
(a) 叠加式；(b) 切割式

二、组合体中两邻接面的结合关系及画法规定

当多个基本体按一定方式组合而形成组合体时，不同形体的表面间的连接关系一般分为三种形式：平齐、相切和相交。

1. 表面平齐（或共面）

当两个基本体叠加，相邻表面互相平齐而共面时，结合处不应画线，如图4-2（a）所示。如果两基本体的表面不共面而是相错开，即不平齐，如图4-2（b）所示，应画出两表面的分界线。

2. 表面相切

如果两形体相邻表面相切，在相切处两表面是光滑过渡的，故该处不应画出分界线，如图4-3所示。

特殊情况，当与曲面相切的平面或两曲面的公切面垂直于投影面时，在该投影面上的投影应画出其分界线；否则不应画出公切面的投

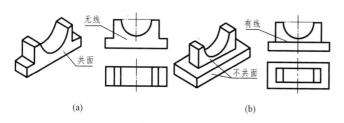

图4-2 形体表面平齐与不平齐
(a) 表面平齐；(b) 表面不平齐

影，如图 4-4 所示。

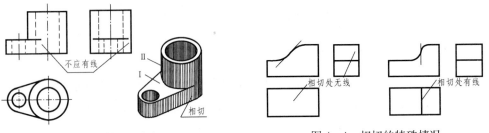

图 4-3　形体表面相切　　　　　　　图 4-4　相切的特殊情况

3. 表面相交

当两形体相邻表面相交时，则表面交线是它们的分界线，图上必须画出，如图 4-5 所示。

在画组合体的视图时，必须注意其组成形式和各组成部分表面间的连接关系，以避免漏画线；在读图时，也应注意这些关系，才能清楚整体结构形状。

三、组合体的分析方法

1. 形体分析法

为了便于分析研究组合体，可以根据组合体的形状将其分解成若干部分，弄清各部分的形状、组合方式、相对位置及邻接表面关系，然后有步骤地进行画图和读图，这种方法称为形体分析法，如图 4-6 所示轴承座。

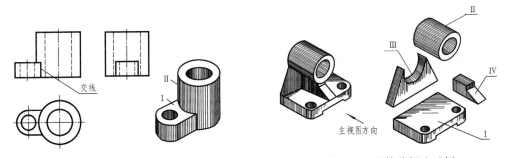

图 4-5　形体表面相交　　　　　　　图 4-6　形体分析法示例

形体分析法是组合体画图、看图和标注尺寸的主要方法。

2. 线面分析法

线面分析法又称为面形分析法，是指运用投影规律，分清物体上线、面的空间位置，再通过对这些线、面的投影分析想出其形状，进而综合想出由这些线面构成的物体的整体形状。

线面分析法通常用于对切割型组合体的分析。在对比较复杂的组合体进行画图和读图时，通常在运用形体分析法的基础上，对不易表达或读懂的局部结构，结合线面分析法来帮助想象和读懂这些局部形状。

第二节　组合体的视图画法

一、叠加式组合体的画法

以图 4-6 所示轴承座为例，说明叠加式组合体视图的画法。

1. **分析形体**

如图所示，轴承座按其形体特点可分解为：底板Ⅰ、圆筒Ⅱ、支撑板Ⅲ和肋板Ⅳ四部分。底板顶面与支撑板、肋板的底面贴合；支撑板的左右两侧面与圆筒外表面相切；肋板左右两个侧面与圆筒外表面相交；底板、支撑板的后端面平齐。

2. **选择视图**

即选择能完整、清晰、正确地表达物体形状的视图。视图中主视图一经选定，其余视图也随之确定。主视图一般应能较多地反映出组合体形状的主要特征，并尽可能使形体上主要线、面与投影面平行或垂直，以便得到实形。同时考虑组合体的自然安放位置，并兼顾其他两个视图表达的清晰性。

因此，轴承座的主视图以图4-6中箭头所示方向为较好。

3. **画图步骤**

画组合体三视图的步骤如下：

（1）根据形体大小和复杂程度，选取合适的、符合国标的图幅和比例。

（2）布置图幅，按视图数量、图幅和比例，均匀地布置视图位置。先确定各视图中起定位作用的对称中心线、轴线等基准线。

（3）轻画底稿，根据形体分析法得到的各基本体的形状及相对位置，逐一画出各基本体的视图，轴承座的画图步骤见图4-7。

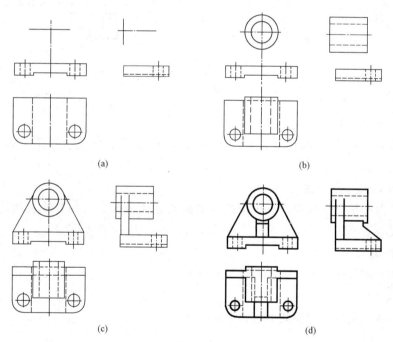

(a)　　　　　　　　　　　　　　(b)

(c)　　　　　　　　　　　　　　(d)

图4-7　轴承座的画图步骤

（a）画出各视图中的主要对称中心线、轴线，并画出底板的三个视图，先画俯视图，再画其他视图；
（b）画出水平圆筒的三个视图，先画投影为圆的视图，再画其他视图；（c）画出支撑板的三个视图，先画反映相切关系和形状特征的主视图，再画其他视图；（d）画出肋板的三个视图，经检查无误后描深

为了能够快速而正确地画出组合体的视图，应注意画图的顺序：先画主要组成部分，

后画其余部分；先画外轮廓，后画内部形状；同一简单形体的三个视图，应按投影关系同时画出，先画反映形体特征的视图，再画其余视图。

画图时必须注意两形体邻接面处的投影表达，如表面重合、相交或相切等。

（4）检查底稿，修正错误，擦去多余图线，清理图面。

（5）按规定线型加深。先加深细点画线、细实线、虚线，后加深粗实线；先加深圆或圆弧，后加深直线。

（6）标注尺寸（略）。

二、切割式组合体的画法

切割式组合体可以看成是由一个基本体被切去某些部分后形成的。

同样，在画图之前应首先进行形体分析，由于切割型组合体在切割过程中形成的面和交线较多，形体不完整，一般借助线面分析法。以图4-8（a）所示的切割型组合体为例。

1．分析形体

图4-8（a）为一切割型组合体，它是在长方体上用三个截平面（正垂面、正平面、水平面）分别切去Ⅰ、Ⅱ两部分而成的，见图4-8（b）。

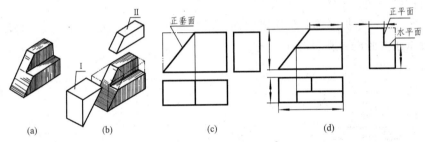

图4-8　切割形组合体画法示例

2．画基本体三视图

画图时应使形体的表面尽可能处于与投影面平行或垂直的位置上，以利于画图和看图。

3．画截平面的三个视图

先画截平面有积聚性的投影，再按照求平面与立体表面交线的方法及视图间的投影关系，即可完成截平面的另外两个投影，见图4-8（c）、图4-8（d）。

4．检查描深

擦去被切去部分的投影，检查无误后再描深。

5．标注尺寸

注出基本体的定形尺寸和截平面的定位尺寸即可。

第三节　读组合体的视图

画组合体的视图，是将三维形体用正投影方法表示成二维图形。读组合体的视图，就是根据组合体的二维视图，对照它的投影关系，想象出它的三维形体的形状的过程。读图是画图的逆过程。

一、读图的基本知识及注意事项

1. 注意分析各视图中图线和线框的含义

视图可看作是由一个个封闭线框组成的，而线框又是由图线构成的。看图时应根据一个视图中的图线或线框，应用线面投影规律找出其余投影，最后确定其空间含义。

(1) 看线框。视图中的封闭线框可能有以下几种含义（图4-9）：

• 表示一个平面，如图4-9中的1、2、3、4；

• 表示一个曲面，如图4-9中的5；

• 表示曲面和平面的组合面，如图4-9中的6；

• 表示一个孔洞，如图4-9中的7、8。

(2) 看图线。视图中的图线有直线和曲线，可能有以下含义（图4-9）：

• 表示有积聚性平（曲）面的投影，如图中的a、b；

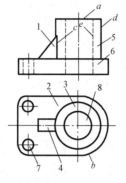
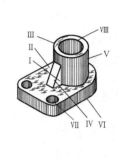

图4-9 图线和线框的含义

• 表示两表面交线的投影，如图中的c；

• 表示曲面转向轮廓线的投影，如图中的d、e。

通常在使用形体分析法看图时，是将每一线框看成某一基本体的投影；而在用线面分析法时，则将每一线框看成形体上某一面的一个投影。

2. 要注意把几个视图联系起来看，抓住特征视图

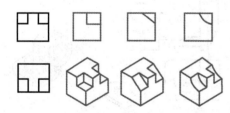

图4-10 联系三视图，抓住特征视图

看图时要从反映物体形状特征最明显的视图入手，联系其他视图一起分析。切忌仅从某一视图上找答案，因为一个视图不能唯一确定物体的形状，有时候只看两个视图还不能确定物体的形状。如图4-10所示图形，它们的主、俯视图均相同，但左视图不同，只有将左视图也联系起来看才行。其中左视图就是反映物体特征的视图。

二、看组合体视图的方法和步骤

1. 看图的方法

看组合体视图的方法与画图方法一样，通常采用形体分析法。对于组合体视图中局部较为难懂的部分再用线面分析法，进一步分析线、面投影关系，帮助看懂该部分的形体。

2. 看图的步骤

(1) 看视图抓特征。以主视图为主，配合其他视图，根据投影关系找出表达构成组合体各部分形体的形状特征和相对位置比较明显的视图，从整体上对物体有个大概的了解。

(2) 分解形体的投影。参照特征视图分解形体。利用"三等"关系，找出每一部分的三个投影，想象出它们的形状。

(3) 综合起来想整体。在分析了各部分形状的基础上，进一步分析它们相互间的组合方式和相对位置关系，综合起来想象出物体的整体形状。

（4）线面分析攻难点。一般情况下，形体清晰的零件，用以上形体分析法步骤看图即可解决问题。但对于一些较为复杂的零件，特别是含有切割体时，需结合线面分析法。

【例 4-1】 读懂图 4-11（a）所示组合体的三视图。

解 （1）看视图抓特征。由图 4-11（a）所示的三视图，可以看出该组合体是以叠加为主的方式形成的，而且前后对称。主视图较多地表达出形体特点，较清楚地表达了各部分的相互位置关系；而俯视图和左视图则显示出其前后的对称性。

（2）分解形体的投影。根据主视图的图形特点，可将该组合体分为图 4-11（b）所示的 5 个封闭线框（相切或共面时线框不封闭）。对照其余两个视图，利用各种几何体的投影特点，确定各线框所表示的空间形体。

例如，线框 1 左视图为两个同心圆，主、俯视图为矩形，所以是空心圆筒。同样方法可以确定其他线框所代表的几何形体，如图 4-11（c）、（d）、（e）、（f）所示。

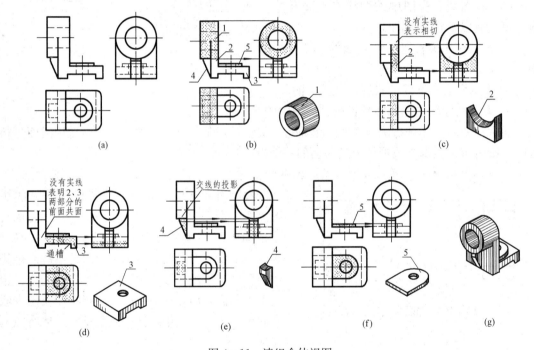

图 4-11 读组合体视图

（3）综合起来想整体。分析各部分投影的分界线可知：形体 1 圆筒与形体 2 支板各表面是相切、相交和共面关系，在主视图上相切处无图线；形体 4 肋板与形体 1 圆筒是相交关系，在主视图上相交处有交线；而其余形体之间则是叠加。

分析了各部分的形状和相互位置关系后，综合起来想象出该组合体的整体形状，如图 4-11（g）所示。

三、已知组合体的两视图求第三视图

已知两视图求第三视图，是组合体看图、画图的综合运用，一般是在看懂视图的基础上进行的。所给的两视图也要能够完全确定物体的形状。本节通过具体实例说明如何根据两视图求第三视图。

【例 4-2】 读懂图 4-12（a）所示物体的空间形状，并画出其左视图。

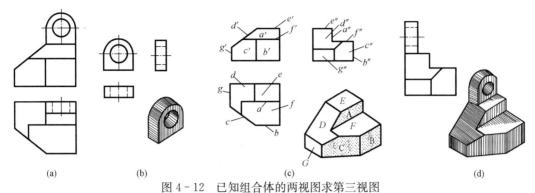

图 4-12 已知组合体的两视图求第三视图

(a) 两视图；(b) 拱形结构的分析；(c) 线面分析法读图；(d) 第三视图

解 (1) 由已知视图看懂物体的形状。

从图 4-12 (a) 所示组合体的二个视图可以看出，该组合体可大致分成上、下两个部分，上半部分为拱形结构如图 4-12 (b) 所示。下半部分则为四棱柱经过切割后得到，采用线面分析法对各组成线框分析其投影关系，得到如图 4-12 (c) 所示的经切割后的四棱柱。分析上、下两部分的后端面与右端面平齐，最后综合归纳得到该组合体的整体。

(2) 补画第三视图。彻底想清楚组合体的形状后，画出左视图如图 4-12 (d) 所示。

第四节　组合体的尺寸标注规范

组合体的视图只能表达物体的形状，而其大小及各组成部分的相对位置，则需由尺寸确定。尺寸标注的基本要求是：正确，完整，清晰，合理。正确即符合国家标准，已在第二章中作过介绍，合理标注尺寸将在第七章中介绍。本节只介绍尺寸标注的完整性和清晰性问题。

一、常见基本体的尺寸标注

熟悉常见基本体的尺寸注法是标注好组合体尺寸的基础。表 4-1 给出了常见基本体的尺寸标注图例，有时标注形式可能有所改变，但必须注出能够确定其在长、宽、高三个方向上的大小。

表 4-1　　　　　　　　　　　常见基本体的尺寸标注

13 11 7	13 11 7	5 (14.38) 13	13 12 10
16 $\phi13$	16 $\phi13$	$\phi8$ 15 $\phi15$	$S\phi16$

二、截切立体和相贯立体的尺寸标注

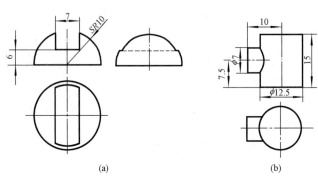

图 4-13　截切立体和相贯立体的尺寸标注

截切立体和相贯立体的尺寸标注，不应直接标注交线的尺寸，而应标注产生交线的形体的定形尺寸、截面的位置尺寸及相贯立体的相对位置尺寸，如图 4-13 所示。

三、尺寸分类和尺寸基准

标注尺寸的基本方法是形体分析法。从形体分析出发，组合体的尺寸分为定形尺寸、定位尺寸和总体尺寸。尺寸标注的完整性，就是在形体分析的基础上将三类尺寸标注齐全，不遗漏、不重复。三类尺寸有时可能重复，需作相应调整，以免出现多余尺寸。

（1）定形尺寸。确定组成物体中各基本形体的形状和大小的尺寸。

（2）定位尺寸。确定组成物体中各基本形体之间相对位置的尺寸。

（3）总体尺寸。表示零件在长、宽、高三个方向的最大尺寸。当总体尺寸与已注的某一基本形体的定形尺寸一致时，则不需另行标注。

（4）尺寸基准。即标注定位尺寸的起点。要标注定位尺寸，必须先选定尺寸基准。组合体的长、宽、高每个方向应至少有一个尺寸基准，以便确定各形体之间的相对位置。通常以组合体的底面、端面、对称面、主要轴线和圆心等作为基准。

四、组合体尺寸标注的方法和步骤

以下仍以图 4-6 所示轴承座为例，说明组合体尺寸标注的方法和步骤：

（1）进行形体分析，分别确定长、宽、高三个方向的尺寸基准，如图 4-14 所示。

（2）从基准出发标注各组成部分的定位尺寸，见图 4-15。由于该轴承座长度方向图形对称，故该方向不需标注定位尺寸。

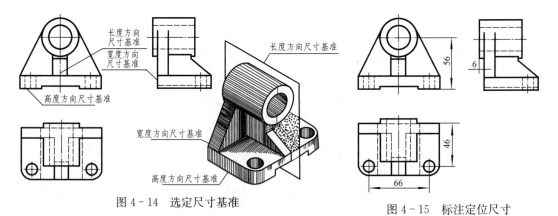

图 4-14　选定尺寸基准　　　　　　　　　　图 4-15　标注定位尺寸

（3）分别标注各组成部分的定形尺寸，见图 4-16。

（4）调整尺寸，标注总体尺寸，去掉多余尺寸。

（5）检查尺寸有无多余和遗漏，是否符合国标，布置是否清晰。

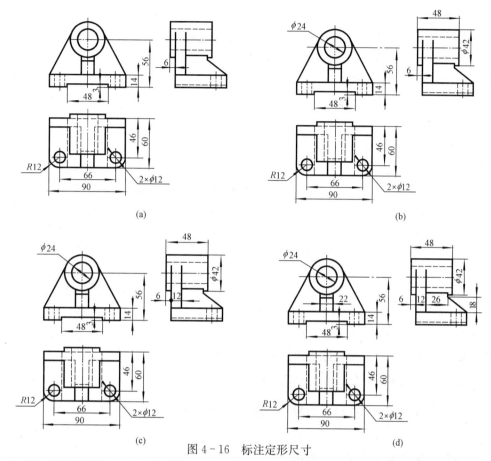

图 4-16　标注定形尺寸

（a）标注底板的定形尺寸；（b）标注圆筒的定形尺寸；（c）标注支撑板的定形尺寸；（d）标注肋板的定形尺寸

应当说明的是，在标注尺寸的过程中，先标注定形尺寸或先标注定位尺寸，其结果是完全相同的，可根据个人习惯和具体情况而定。

尺寸标注除要求完整、正确外，还要清晰，即尺寸布置要整齐、清晰，便于阅读。为此，必须注意以下几点：

（1）同一形体的定形与定位尺寸，应尽可能集中注在一个视图上，以方便看图。

（2）尺寸应注在表达形体特征最明显的视图上，并尽量避免注在虚线上。表示圆弧的半径尺寸应标注在反映圆弧实形的视图中。

（3）标注相互平行的尺寸，应按大小顺序，小尺寸尽量靠近视图，大尺寸远离视图。

（4）尺寸线要布置整齐，在同一方向上的连续尺寸最好布置在一条线上。

（5）尺寸应尽量注写在视图的外面，以免尺寸线、尺寸数字与轮廓线相交。

以上各点在标注尺寸时，有时不能兼顾。这时需在保证尺寸完整、清晰的前提下，根据具体情况统筹安排，合理布置。

第五节　AutoCAD 环境下的注释文本

在 AutoCAD 环境下，图形中的所有文字都有与之相关联的文字样式，该样式设置字体、字号、角度、方向等文字特性。因此在输入文字之前，需要先设立符合国标的文字样式。系统提供了多种创建文字的方法。对不需要使用多种字体的简短输入项宜使用"单行文字"，对带有内部格式的较长的输入项则应使用"多行文字"。

一、创建和修改文字样式

① 命令：STYLE✓或 ST✓

② "默认"选项卡→"注释"面板→ 注释 ▾ → A₂

③ "注释"选项卡→"文字"面板→ ⁑

④ "注释"选项卡→"文字"面板→ Standard ▾ → 管理文字样式…

⑤ 菜单栏→ 格式(O) → A₂ 文字样式(S)…

图 4-17 "文字样式"对话框

系统将打开如图 4-17 所示的"文字样式"对话框。用户可按"新建"按钮创建"工程字"样式，再依图示选择字体名，并使用大字体，单击"应用"按钮后关闭该对话框。

提示：若要使输入的数字和字母为斜体，应新建"斜体字"样式，在"倾斜角度"文本框中输入"15"，其他同"工程字"样式。

二、单行文字（动态文字）按指定的位置、方向及字号书写文本

① 命令：TEXT✓或 DTEXT✓或 DT✓

② "默认"选项卡→"注释"面板→ A 文字 → A 单行文字

③ "注释"选项卡→"文字"面板→ A 多行文字 → A 单行文字

④ 菜单栏→ 绘图(D) → 文字(X) ▸ → A 单行文字(S)

当前文字样式： "工程字" 文字高度：2.5000 注释性：否 对正：左

指定文字的起点或［对正（J）/样式（S）］：输入文字起点✓

指定高度〈2.5000〉：3.5✓

指定文字的旋转角度〈0〉：✓

在绘图窗口中出现闪烁的矩形框，直接输入文字标注，按下 Enter 键可以换到下一行。可以用鼠标单击其他位置继续文字标注，用"ESC"键结束命令。

提示：（1）该命令输入的每一行文本均被作为一个实体来看待；

（2）不能从键盘上直接输入的字符，可采用"％％"开头的控制码，如"％％C"用来标注直径"ϕ"，"％％D"标注角度符号"°"，"％％P"标注正负偏差符号"±"。

三、多行文字

① 命令：MTEXT✓或 MT✓或 T✓

② "默认"选项卡→"注释"面板→ A 文字 → A 多行文字

③ "注释"选项卡→"文字"面板→ A 文字 或→ A 多行文字

④ 菜单栏→ 绘图(D) → 文字(X) ▶ → A 多行文字(M)…

当前文字样式："工程字"文字高度：3.5 注释性：否

指定第一角点：

指定对角点或〔高度（H）/对正（J）/行距（L）/旋转（R）/样式（S）/宽度（W）/栏（C）〕：

在绘图窗口中指定一个用来放置多行文字的矩形区域，这时系统会弹出文字编辑器面板和文字输入窗口组成的编辑器，如图4-18所示。在此对话框中，可以很方便地进行标注、文本的输入、编辑和修改工作。

图4-18　"多行文字编辑器"对话框

该命令可一次标注多行文本，且各行文本都按指定宽度排列对齐，共同作为一个实体。

四、文本基本编辑方式

1. 利用 DDEdit、MTEDIT 命令编辑文本内容

① 命令：DDEDIT↙ 或 ED↙ 或 MTEDIT↙

选择注释对象或〔放弃（U）〕：拾取要编辑的文本

② 快捷菜单：选择单行文字，在绘图区单击右键，选择 A 编辑(I)…

选择多行文字，在绘图区单击右键，选择 A 编辑多行文字(I)…

③ 定点设备：双击单行文字 或单击多行文字

2. 利用"特性管理器"编辑文本特性

①"默认"选项卡→"特性"面板→ ⬛

②"视图"选项卡→"选项板"面板→ ⬛ 特性

③ 菜单栏→ 工具(T) → 选项板 ▶ → ⬛ 特性(P)

系统会打开如图4-19所示的"特性"对话框，选择要编辑的文本，可以对其内容、样式、位置、字高等进行全方位的编辑。

提示：利用"特性管理器"还可以对使用绘图命令作出的其他对象，如直线、圆以及后面要介绍的尺寸、图块等进行全方位的编辑。这也是AutoCAD自2000版本后新增加的功能。

图4-19　"特性"对话框

第六节　AutoCAD环境下的尺寸标注

AutoCAD包含了一套完整的尺寸标注命令和实用程序，如图4-20所示尺寸标注菜单栏。通过尺寸标注样式的设置，可使标注的尺寸基本符合我国的制图标准。

一、尺寸标注样式的设置管理

同注释文本一样，在AutoCAD环境下进行尺寸标注也要先设定符合国标的标注样式。标注样式的设定较为复杂，而一旦设定后则可以一劳永逸。

对尺寸标注样式进行新建、修改等管理是通过"标注样式管理器"对话框实现的，如图4-21所示。以下五种方式可以启动该对话框：

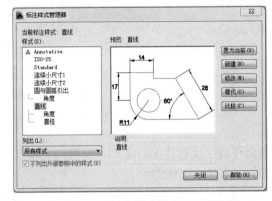

图4-20　尺寸标注菜单栏　　　　　图4-21　"标注样式管理器"对话框

① 命令：DIMSTYLE↙ 或 D↙

②"默认"选项卡→ 注释 ▾ → ◢

③"注释"选项卡→"标注"面板→ ⊿

④ 菜单栏→ 格式(O) → ◢ 标注样式(D)…

⑤ 菜单栏→ 标注(N) → ◢ 标注样式(S)…

1. 新建尺寸标注样式

在图4-21所示"标注样式管理器"对话框中单击"新建"按钮，将出现图4-22所示的"创建新标注样式"对话框。

在"新样式名"文本框中输入新样式的名称，如"我的样式"。

其中"用于"下拉列表是确定新建样式的适用范围的。

单击"继续"按钮，弹出"新建标注样式"对话框，如图4-23所示。

该对话框中有"线"、"符号和箭头"、"文字"、"调整"、"主单位"、"换算单位"、"公差"七个选项卡，它们的功能如下：

(1)"线"选项卡，如图4-23所示。

图4-22 "创建新标注样式"对话框

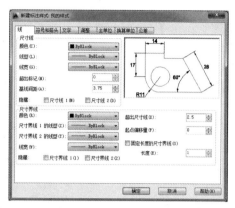

图4-23 "新建标注样式"对话框"线"的选项卡

1)"尺寸线"区。设置尺寸线的格式。

超出标记：当尺寸终端形式设定为"倾斜"时，尺寸线超出尺寸界线的长度。

基线间距：当执行"基线尺寸"标注类型时两尺寸线间的距离，一般设为7～10。

隐藏：是否隐藏某一侧尺寸线，主要用于半剖视图的尺寸标注。

2)"尺寸界线"区。设置尺寸界线的"颜色"、"线宽"、"超出尺寸线"的长度、"起点偏移量"、"尺寸界线"是否隐藏。

超出尺寸线：设置尺寸界线超出尺寸线的距离，一般按国标设定为2～3。

起点偏移量：设定尺寸界线的起点与标柱定义点的距离，按国标设定为0。

隐藏：是否隐藏某一侧尺寸界线，主要用于半剖视图的尺寸标注。

(2)"符号和箭头"选项卡，如图4-24所示。

1)"箭头"区。设置尺寸终端的格式。系统共提供了20种终端类型，用户也可自行定义，按国标一般选取"实心闭合"。

箭头大小：按国标应设为3～4。

2)"圆心标记"区。控制圆心的显示方式，一般按国标选择"无"。

3)"折断标注"区。指当尺寸与其他对象相交时，用断开尺寸线和尺寸延伸线的方式来避免其相交。

4)"弧长符号"区。设置弧长符号的位置。

5)"半径折弯标注"区。设置折弯角度来控制半径尺寸线弯折（Z字形）的程度。

6)"线性折弯标注"区。控制尺寸线弯折的程度。

(3)"文字"选项卡。见图4-25。

"文字外观"区。可以设定文字的样式、颜色、高度和分数高度比例，以及控制是否绘制文字边框。

"文字样式"，可以单击其后的□按钮，系统弹出"文字样式对话框"，选择文字样式或新建文字样式。

"文字高度"，根据图幅大小来设定，A3、A4一般设为3.5，大于A3一般设为5。

"文字位置"区和"文字对齐"区按缺省设置，如图4-25所示。

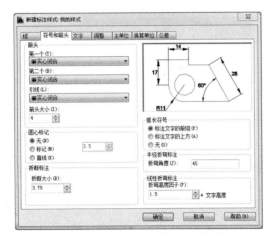

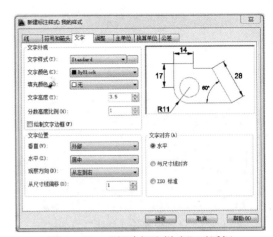

图 4-24　"新建标注样式"对话框　　　　图 4-25　"新建标注样式"对话框
　　　　"符号和箭头"的选项卡　　　　　　　　　　　"文字"选项卡

"从尺寸线偏移"：设置尺寸线与文字标注间的距离，通常设定为 1。

（4）"调整"、"主单位"、"换算单位"、"公差"选项卡为缺省设置。

进行了以上设定后单击"确定"按钮，"我的样式"就出现在图 4-21 所示"标注样式管理器"对话框的"样式"列表中了。今后还可视图形需要建立其他新的标注样式。

2. 修改尺寸标注样式

采用同一标注样式所标注的尺寸风格将完全一致，而要想改变风格只需修改该尺寸标注样式。即在图 4-21 所示对话框的"样式"列表中选定该样式名称后，单击"修改"按钮，进入各选项卡中改变相关参数。

3. 替代尺寸标注样式

在机械图样中，往往有个别尺寸的样式参数与当前图形中的其他绝大多数尺寸不同，使用"样式替代"可以兼顾"多数"与"个别"。

在图 4-21 所示"标注样式管理器"对话框中单击"替代"按钮，在原尺寸样式的基础上临时建立一个"替代样式"，重新设置有关参数后系统将自动在原尺寸标注样式下面显示〈样式替代〉分支。当不再需要标注特殊尺寸时，只需将原标注样式设为当前，系统将自动删除临时生成的替代样式。

二、尺寸标注的类型

AutoCAD 中将尺寸标注分为线性型尺寸标注、径向型尺寸标注、角度型尺寸标注、引线和公差型尺寸标注、坐标型尺寸标注和圆心尺寸标注等 13 大类型。各种尺寸标注类型的示意图见图 4-26，以下是标注组合体尺寸时常用的尺寸标注类型的操作方法：

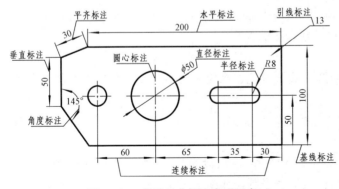

图 4-26　各种尺寸标注类型示意

1. 标注线性型尺寸

(1) 标注水平尺寸、垂直尺寸和旋转尺寸。

① 命令：DIMLINEAR↙ 或 DLI↙

② "默认"选项卡→"注释"面板→ ⊢⊣ 线性 ▾ 或 ⊢ 线性 · ⊢ 线性

③ "注释"选项卡→"标注"面板→ ⊢⊣ 标注 或 ⊢⊣ 标注 → ⊢⊣ 线性

④ 菜单栏→ 标注(N) → ⊢⊣ 线性(L)

指定第一条尺寸界线原点或〈选择对象〉；

指定第二条尺寸界线原点：指定尺寸线位置或

［多行文字（M）/文字（T）/角度（A）/水平（H）/垂直（V）/旋转（R）］。

说明：i) 可以直接按回车键选择标注对象，也可以指定两尺寸界线的起点。

ⅱ) 提示行中各选项的含义如下：

• ［多行文字（M）］：打开"多行文本编辑器"对话框，输入尺寸文本，提示：〈〉表示系统自动标注的尺寸数值，包括尺寸文本前、后缀和用户设定的尺寸公差等；

• ［文字（T）］：以单行文字形式输入尺寸数值；

• ［角度（A）］：改变尺寸文本的角度；

• ［水平（H）］：标注水平尺寸（如图 4-26 中的尺寸 200）；

• ［垂直（V）］：标注垂直尺寸（如图 4-26 中的尺寸 50）；

• ［旋转（R）］：旋转标注对象的尺寸线。

(2) 标注对齐尺寸。

① 命令：DIMALIGNED↙ 或 DAL↙

② "默认"选项卡→"注释"面板→ ⊢⊣ 线性 ▾ → ↖ 对齐 或 ↖ 对齐 ▾

③ "注释"选项卡→"标注"面板→ ⊢⊣ 标注 → ↖ 对齐 或 ↖ 标注

④ 菜单栏→ 标注(N) → ↖ 对齐(G)

该命令用来标注倾斜角度未知的斜线或斜面的线性尺寸，操作过程同线性标注。

(3) 基线标注。

① 命令：DIMBASELINE↙ 或 DBA↙

② "注释"选项卡→"标注"面板→ ⊢⊣· 或 ⊞· → ⊢⊣

③ 菜单栏→ 标注(N) → ⊢⊣ 基线(B)

指定第二条尺寸界线原点或［放弃（U）/选择（S）］〈选择〉。

使用该命令可以方便地标注从同一基线开始的多个线性尺寸，如图 4-26 所示的尺寸 50 和 100，其尺寸线间的距离是由"线"选项卡中的"基线间距"决定的。

启动命令后，用户只需选取第二条尺寸界线的原点。其基线缺省为当前文件中最后一次标注的线性尺寸的第一条尺寸界线；也可以直接按回车键重新选择基线位置。

(4) 连续标注。

① 命令：DIMCONTINUE ↙ 或 DCO ↙

② "注释"选项卡→"标注"面板→ ⊞· 或 ⊢⊣· → ⊞ 连续

③ 菜单栏→ 标注(N) → ┼┼┼ 连续(C)

使用该命令可以方便地标注一系列首尾相连的多个线性尺寸，如图 4 - 26 所示。操作过程与基线标注完全相同。

2. 标注角度型尺寸

国标规定标注角度尺寸时，尺寸数字一律水平书写，因此需新建"角度"子尺寸：

在标注样式管理器对话框中单击"新建"按钮，进入图 4 - 22"创建新标注样式"对话框，在"用于"下拉列表框中选择"角度标注"选项；在"文字对齐"选项卡区选择"水平"选项即可完成"角度"子尺寸的创建。

① 命令：DIMANGULAR↙ 或 DAN↙

② "默认"选项卡→"注释"面板→ ┼┤ 线性 ▾ → △ 角度 或 △ 角度 ▾

③ "注释"选项卡→"标注"面板→ ┠─┨ 标注 → △ 角度 或 △ 标注

④ 菜单栏→ 标注(N) → △ 角度(A)

选择圆弧、圆、直线或〈指定顶点〉：

（1）选择圆弧：标注圆弧的圆心角；

（2）选择圆：标注圆上的一段圆弧的圆心角，所标注角度的第一条尺寸界线的起点为选择圆时指定的点，系统提示用户在圆上指定角的第二个端点。

（3）选择直线：依次选择两条直线，标注两直线间的夹角。

（4）直接回车：指定不在同一直线上的 3 点标注角度。

3. 标注径向型尺寸

（1）标注半径尺寸。

① 命令：DIMRADIUS↙ 或 DRA↙

② "默认"选项卡→"注释"面板→ ┼┤ 线性 ▾ → ◉半径 或 ◉ 半径 ▾

③ "注释"选项卡→"标注"面板→ ┠─┨ 标注 → ◉ 半径 或 ◉ 标注

④ 菜单栏→ 标注(N) → ◉ 半径(R)

选择圆弧或圆：

指定尺寸线位置或［多行文字（M）/文字（T）/角度（A）］：

按上述提示选择图形中的圆弧或圆，拖动鼠标指定尺寸线位置即可。

（2）标注直径尺寸。

① 命令：DIMDIAMETER↙ 或 DDI↙

② "默认"选项卡→"注释"面板→ ┼┤ 线性 ▾ → ◉直径 或 ◉ 直径 ▾

③ "注释"选项卡→"标注"面板→ ┠─┨ 标注 → ◉ 直径 或 ◉ 标注

④ 菜单栏→ 标注(N) → ◉ 直径(D)

（3）在非圆视图上标注直径尺寸。

机械图样中往往需要在非圆视图上标注直径尺寸。此时应新建一个"非圆直径"标注样式：基于"我的样式"标注样式，只需在"主单位"选项卡的"前缀"文本框中输入"％％

C"。以"非圆直径"作为当前样式,采用线性标注得到的尺寸文本会自动加入前缀 ϕ。

（4）折弯标注。

折弯标注常用于标注大直径的圆或圆弧半径。

① 命令：DIMJOGGED✓或 DJO 或 JOC✓

② "默认"选项卡→"注释"面板→⊢╥⊣ 线性 ▼ → ⏣ 折弯 或 ⏣ 折弯 ▼

③ "注释"选项卡→"标注"面板→ ⊢╥⊣ 标注 → ⏣ 折弯 或 ⏣ 标注

④ 菜单栏→ 标注(N) → ⏣ 折弯(J)

选择圆弧或圆：拾取圆弧

指定图示中心位置：拾取 P1

标注文字＝91

指定尺寸线位置或［多行文字（M）/文字（T）/角度（A）］：拾取 P2

指定折弯位置：拾取 P3

如图 4－27 所示。

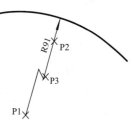

图 4－27 折弯半径

4.快速标注

快速标注可以快速创建一系列尺寸标注,如基线尺寸、连续尺寸、直径和半径尺寸或不共基线但尺寸线平行的并列尺寸等。

① 命令：QDIM✓

② "注释"选项卡→"标注"面板→ ⏐⊬⏐

③ 菜单栏→ 标注(N) → ⏐⊬⏐ 快速标注(Q)

关联标注优先级＝端点

选择要标注的几何图形：找到1个

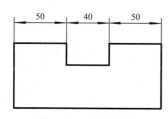

图 4－28 快速标注

选择要标注的几何图形：找到1个,总计2个

选择要标注的几何图形：找到1个,总计3个

选择要标注的几何图形：✓

指定尺寸线位置或［连续（C）/并列（S）/基线（B）/坐标（O）/半径（R）/直径（D）/基准点（P）/编辑（E）/设置（T）］<连续>：

如图 4－28 所示。

三、标注尺寸的编辑和修改

1.编辑标注文字和尺寸界线

编辑已标注尺寸中文本的内容和角度或将尺寸界线倾斜一角度。

① 命令：DIMEDIT✓或 DED✓

② "注释"选项卡→"标注"面板→ 标注 ▼ → H 或 ⊿ （AutoCAD 经典）

③ 菜单栏→ 标注(N) → H 倾斜(Q)

输入标注编辑类型［默认（H）/新建（N）/旋转（R）/倾斜（O）］<默认>：

各选项含义如下：

［默认（H）］：按默认位置、方向放置尺寸文本。

［新建（N）］：可以修改尺寸文本的内容。修改或输入尺寸文字后，在编辑窗口外单击鼠标左键结束输入。选择需要修改的尺寸对象即可。

［旋转（R）］：按指定角度旋转尺寸文本。

［倾斜（O）］：按指定角度将尺寸延伸线倾斜。

2. 编辑标注文字

编辑已标注尺寸中尺寸文本的位置。

① 命令：DIMTEDIT✓或 DIMTED✓

②"注释"选项卡→"标注"面板→ 标注 ▾ → ⚡ ⊢⊣ ⊢⊣ ⊢⊣ 或 A （AutoCAD 经典）

选择标注：

为标注文字指定新位置或［左对齐（L）/右对齐（R）/居中（C）/默认（H）/角度（A）］：

3. **标注更新**

将已标注尺寸按当前标注样式更新。

① 命令：DIMSTYLE✓或 DIMSTY✓

②"注释"选项卡→"标注"面板→ ⊟

③ 菜单栏→ 标注(N) → ⊟ 更新(U)

4. 调整标注间距

调整线性标注或角度标注之间的间距，使其处于平行等距或对齐。

① 命令：DIMSPACE✓

②"注释"选项卡→"标注"面板→ ⊠

选择基准标注：拾取尺寸 1

选择要产生间距的标注：拾取尺寸 2

图 4-29 调整标注间距

选择要产生间距的标注：拾取尺寸 3，总计 2 个

选择要产生间距的标注：✓

输入值或［自动（A）]＜自动＞：20✓

如图 4-29 所示。

5. 打断标注

在标注或延伸线与其他对象交叉处折断或恢复标注和延伸线。

① 命令：DIMBREAK✓

②"注释"选项卡→"标注"面板→ ⊞

选择要添加/删除折断的标注或［多个（M）］：拾取尺寸 1

选择要折断标注的对象或［自动（A）/手动（M）/删除（R）]＜自动＞：拾取尺寸 2

选择要折断标注的对象：拾取尺寸 3

选择要折断标注的对象：✓

1 个对象已修改。如图 4-30 所示。

提示：选择要添加/删除折断的标注或［多个（M）］：要求选择一个或几个要被打断的尺寸。

选择要折断标注的对象或［自动（A）/手动

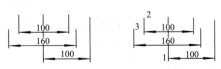

图 4-30 打断标注

（M）/删除（R）]：一般可不选择，直接回车即可自动找到对象。

6. 快捷菜单中的尺寸编辑

拾取一个尺寸再单击鼠标右键即显示快捷菜单，如图4-31所示。这个快捷菜单比选择其他对象显示的快捷菜单多了标注样式。

图4-31 快捷菜单中的尺寸编辑

7. 利用"修改文字"命令可打开多行文字编辑器编辑尺寸文本内容

8. 利用"特性"管理器可对所选尺寸的各项参数进行全方位的编辑

第七节 用AutoCAD2014绘制组合体的三视图

一、创建和使用图层

在AutoCAD中，利用图层命令将一张图样分成若干层。图层相当于没有厚度的透明纸，作图时总是在某个图层上进行。图层面板如图4-32所示。

1. 建立并管理图层

① 命令：LAYER↙ 或 LA↙

②"默认"选项卡→"图层"面板→ 图

③"视图"选项卡→"选项板"面板→ 图

④ 菜单栏→ 格式(O) → 图 图层(L)

⑤ 菜单栏→ 工具(T) →选项板▶→ 图 图层(L)

系统将打开如图4-33所示"图层特性管理器"对话框，对图层的创建和管理都是在该对话框中进行的。

图层是 AutoCAD 中最基本的操作，也是最有效的工具之一。通常根据图形元素的性质规划图层，创建粗实线层、点画线层、虚线层、剖面线层、尺寸标注层、文字层等，见图示。用户为每一图层设置与其相关联的颜色、线型、线宽等特性，也可以单独对每一图层进行关闭或打开、冻结或解冻、锁定或解锁以及是否打印等设定。熟练应用图层可大大提高工作效率和图形的清晰度，绘制复杂图形时效果尤为明显。

图 4-32　"图层"面板

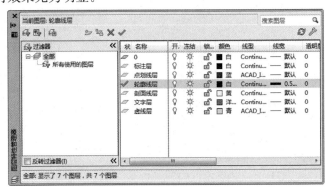

图 4-33　"图层特性管理器"对话框

2. 改变已有实体的图层特性

（1）选中要改变的实体（一个或多个），在图 4-32 的图层面板的下拉列表中选择目标图层，则实体变换到相应图层上，按 Esc 键清空选择集。

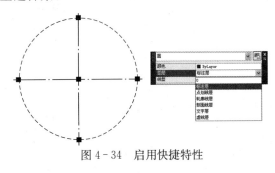

图 4-34　启用快捷特性

（2）快捷特性。单击状态栏上的"快捷特性"开关按钮，可以控制快捷特性的打开和关闭。当要选择对象时，即可显示快捷特性面板，从而方便修改对象的属性。

如图 4-34 所示，选中要改变特性的实体（一个或多个），在启用的快捷特性下拉列表中选择目标图层，则实体变换到相应图层上，按 Esc 键清空选择集。

（3）使用"特性匹配"命令将源对象的特性复制给目标对象。

① 命令：MATCHPROP ↙ 或 MA ↙

②"默认"选项卡→"剪贴板"面板→

③ 菜单栏→ 修改(M) → 特性匹配(M)

选择源对象：

当前活动设置：颜色 图层 线型 线型比例 线宽 厚度 打印样式 标注 文字 填充图案 多段线 视口 表格材质 阴影显示 多重引线

选择目标对象或〔设置（S）〕：

（4）利用"特性"管理器，全方位改变已有实体的对象特性。

① 命令：PROPERTIES ↙

②"默认"选项卡→"特性"面板→

③"视图"选项卡→"选项板"面板→  特性

④ 菜单栏→ 修改(M) → 特性(P)

⑤ 菜单栏→ 工具(T) →选项板 ▶ → 特性(P)

二、创建和使用样板文件

图层、文字样式及标注样式等如果每次进行设置是非常烦琐的。为提高工作效率，用户应创建符合国标的一系列样板图，供每次绘图时调用。

1. 创建并保存样板文件

以 A3 样板图为例。

（1）建立 A3 样板图。

启动"新建"命令打开一张新图，选择缺省设置"公制"后确定。

启动"保存"命令打开图 4 - 35 所示"图形另存为"对话框，选择保存类型为"AutoCAD 图形样板文件（＊.dwt）"，输入文件名"A3 样板图"后保存。

图 4 - 35 "图形另存为"对话框

（2）设置绘图单位和精度、图形界限及永久性对象捕捉方式。

（3）建立图层、文字样式及标注样式。

（4）绘制图框和标题栏，标题栏中固定内容应先填好。

（5）存盘退出。

2. 调用样板文件

启动"新建"命令，在弹出的"创建新图形"对话框中，单击"使用样板"按钮，从"选择样板"下拉列表中选择"A3 样板图.dwt"，单击确定打开一张新图。可以看到在 A3 样板中设置好的图层、文字及尺寸样式、图框和标题栏等都已经出现在当前图形中。

三、用 AutoCAD2014 绘制组合体三视图的方法和步骤

前面已经系统地介绍了使用 AutoCAD2014 绘图的基本命令，本节以图 4 - 36 所示组合体为例，介绍综合运用这些命令绘制组合体三视图的方法和步骤。

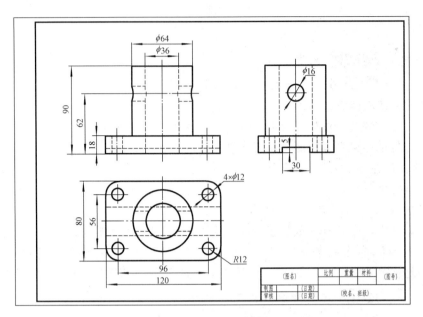

图 4 - 36　组合体的三视图

1. 调用样板文件建立一张新图

根据图形大小，选择 A3 样板图建立一张 A3 图纸，起名为"组合体三视图"。

2. 绘制组合体三视图

（1）绘制组合体的俯视图（通常从反映物体特征最明显的视图画起）。

1）将粗实线层置为当前层绘制外框线，使用命令"圆角矩形"；

2）绘制 4 个 φ12 小圆，先作出一个小圆及其中心线后，采用"多重复制"或"阵列"命令画其余 3 个小圆；

3）绘制 φ36、φ64 两个圆，圆心位置可用自动追踪功能来确定，如图 4 - 37 所示；

4）将点画线层置为当前层绘制中心线，如图 4 - 38（a）所示先用"画线"命令启动中点捕捉画线后，再启动"拉长"命令选择增量方式，设定增量值为 5，分别拾取 4 个端点，如图 4 - 38（b）所示。

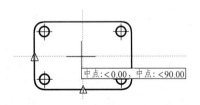

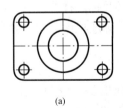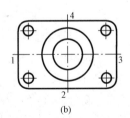

图 4 - 37　用自动追踪功能确定圆心　　　　图 4 - 38　用 Line 命令和 Lengthen 命令绘制中心线

5）绘制虚线，对水平中心线进行"偏移"、"修剪"后，置换到虚线层。

（2）绘制组合体的主视图。

将粗实线层置为当前层，注意采用自动追踪功能保持主、俯视图"长对正"；

图中相贯线采用"圆弧"命令结合对象捕捉和对象追踪来完成。

（3）绘制组合体的左视图。

注意到主、左视图在形状上具有相似性，先将主视图复制到合适位置，用"拉伸"命令将底板由长度变为宽度，同时由于4个小圆在长、宽方向到边界距离相等，也随着移动到位；删除多余图线，画 $\phi 16$ 圆和底板上的槽。至此，图4-36中组合体三视图绘制完成。

由于 AutoCAD 二维绘图功能强大，实现同一效果的操作过程往往并不是唯一的，用户可根据个人习惯，综合分析，灵活运用，熟能生巧。以下是几个应注意的地方：

（1）应使用图层绘图，可以先都用"粗实线层"画图，最后再一起置换，建议不要对实体单独改变颜色、线型和线宽，应把它们都设为"随层"；

（2）可使用自动追踪功能来保持"长对正、高平齐、宽相等"，但在移动鼠标的过程中应注意绘图区注释条的提示信息；

（3）在绘制左视图时为保证左、俯视图"宽相等"，还可临时先在合适位置把俯视图复制并旋转 $90°$，然后应用自动追踪功能，最后再擦去这个临时的俯视图；

（4）绘制圆或圆弧时不必一定先作出中心线，只要能用对象捕捉或自动追踪确定圆心，就可以先绘制圆或圆弧的轮廓线，最后再画中心线。

3. 标注组合体尺寸

按国标规定标注符合规范的尺寸，注意当前标注样式是否合适。

4. 调整图形到合适位置

使用计算机绘图时画图前的"布置视图"步骤可以省略，而在三视图的图形和尺寸都完成后根据图纸幅面，使用移动命令适当调整图形位置，但应保证"正交"模式是打开的。

5. 检查视图并填写标题栏

应注意检查图形是否符合投影规律、是否符合作图规范，图线使用的图层是否正确等。

6. 存盘退出

在以上步骤完成后，存盘退出。

第五章　机件形状的表达方法

在生产实践中，当物体结构形状比较复杂时，只用前面所讲的三视图已难于将它们的内外形状准确、完整、清晰地表示出来，为此，国家标准规定了各种表示方法。本章将介绍视图、剖视图、断面图、局部放大图和简化画法等表达方法。

第一节　视　　图

视图有基本视图、向视图、局部视图和斜视图。

一、基本视图

1. 基本视图的名称和位置关系

物体向基本投影面投射所得的视图称为基本视图。《技术制图》国家标准中规定，正六面体的六个面为基本投影面，将物体放置于六面体中，按正投影法分别向六个基本投影面投射，即得六个基本视图。六个基本视图的名称及投射方向的规定如下：

主视图　由前向后投射所得的视图。

俯视图　由上向下投射所得的视图。

左视图　由左向右投射所得的视图。

右视图　由右向左投射所得的视图。

仰视图　由下向上投射所得的视图。

后视图　由后向前投射所得的视图。

六个基本投影面的展开方法如图 5-1 所示，即正面不动，将其余投影面按箭头所示方向展开，使它们与正面投影面处在同一个平面内，这样得到的六个基本视图，它们的位置关系如图 5-2 所示。

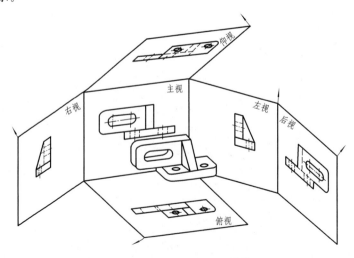

图 5-1　六个基本投影面及其展开

2. 基本视图的标注

在同一张图纸内按图5-2配置基本视图时，可不标注视图的名称。

3. 基本视图的投影规律

六个基本视图之间仍保持"长对正，高平齐，宽相等"的投影规律，即

主、俯、仰、后视图　长度相等；

主、左、右、后视图　高度相等；

左、俯、右、仰视图　宽度相等。

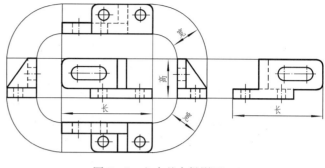

图5-2　六个基本投影面

除后视图外，其他视图靠近主视图的一边是物体的后面，远离主视图的一边是物体的前面。

表示物体时，不是任何物体都需要画出六个基本视图，应根据物体的结构特点，按实际需要选择视图的数量。

二、向视图

向视图是可以自由配置的视图。有时为了合理地利用图幅，各基本视图不能按规定的位置关系配置时，可自由配置。但应在向视图上方用大写拉丁字母标注"×"，在相应视图的附近用箭头指明投射方向并标注相同字母，如图5-3所示。

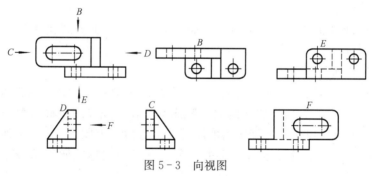

图5-3　向视图

三、局部视图

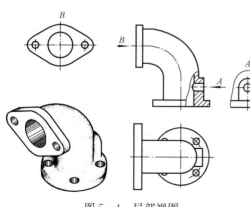

图5-4　局部视图

将物体的某一部分向基本投影面投射所得的视图称为局部视图。局部视图实际上是某一基本视图的一部分。如图5-4所示的物体，选用主、俯两个基本视图后，尚有左边法兰盘、右边凸台的结构没有表示清楚，如果再选用左、右两个基本视图将它们表达出来，显然对其他结构来说是重复表达，没有这个必要，而用局部视图表示上述结构，则更能突出要表达的重点，

且使图面简洁。

1. 局部视图的画法

局部视图的断裂边界以波浪线表示，如图 5-4 中的 A 视图。当所表达部分的结构是完整的，其图形的外轮廓线成封闭时，波浪线可省略不画，如图 5-4 中的 B 视图。

2. 局部视图的配置

局部视图可按基本视图的配置形式配置，也可按向视图的配置形式配置并标注，还可按第三角画法配置在视图上所需表示物体局部结构的附近，并用细点划线将两者相连，如图 5-43（b）所示。

3. 局部视图的标注

画局部视图时，一般在局部视图上方标出视图的名称"×"，在相应的视图附近用箭头指明投射方向，并注上同样的大写拉丁字母。当局部视图按投影关系配置，中间又没有其他图形隔开时，可省略标注。

四、斜视图

物体向不平行于任何基本投影面的平面投射所得的视图称为斜视图。如图 5-5（a）所示的物体，其倾斜的部分无法在基本投影面（水平面）上表示实形，亦无法标注尺寸。但若加上一个与倾斜部分平行（同时垂直于 V 面）的投影面后，再将其向该投影面投射，就可得到这部分的实形，即斜视图。

1. 斜视图的画法

斜视图主要是用来表达物体上倾斜部分的实形，故其余部分不必全部画出，断裂边界用波浪线表示。当表示的结构是完整的，且外形轮廓线封闭时，波浪线可省略不画。

2. 斜视图的配置

斜视图通常按向视图的配置形式配置，如图 5-5（b），必要时允许将斜视图旋转配置，如图 5-5（c）所示。

3. 斜视图的标注

斜视图必须进行标注，其标注方法与向视图相同。但经过旋转后的斜视图，必须标注旋转符号，图 5-5（e）是旋转符号的尺寸和比例。表示该视图名称的大写拉丁字母应靠近旋转符号的箭头端，也允许将旋转角度注写在字母后，如图 5-5（d）所示。注意：不论斜视图如何配置，指明投影方向的箭头一定垂直于被表达的倾斜部分，而字母按水平位置书写。

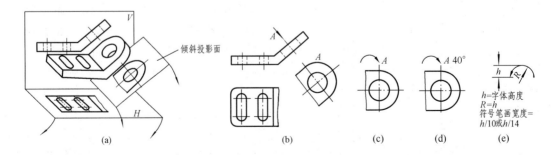

图 5-5　斜视图的形成与画法

第二节　剖　视　图

当物体的内部结构比较复杂时，在视图中就会出现很多虚线，如图5-6（a）所示，这会给识图带来困难，同时也不便于标注尺寸。为了清晰地表达零件的内部形状和结构，可采用"剖视"的表达方法，如图5-6（c）所示。

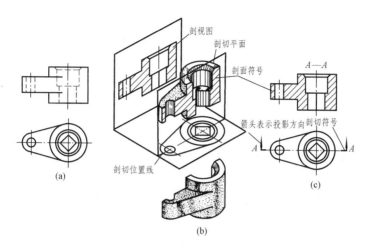

图5-6　剖视图的形成

一、剖视图的基本概念与画法

1．剖视图的概念

为了清晰地表达物体内部结构形状，假想用剖切面剖开物体，将处在观察者和剖切面之间的部分移去，而将其余部分向投影面投射所得的图形，称为剖视图。如图5-6（b）、（c）所示。剖切机件的假想平面或曲面称为剖切面，剖切面与物体的接触部分称为剖面区域（或断面）。

2．剖视图的画法

根据剖视图的目的和国家标准（GB/T 17452—1998）中的有关规定，画剖视图时必须考虑以下几个问题：

（1）剖切位置的确定。一般用平面剖切物体时，应通过物体内部孔、槽等的对称面或轴线，且使其平行或垂直于某一投影面，以便使剖切后的孔、槽的投影反映实形，如图5-6（c）所示。

（2）剖面符号。在剖视图中，在断面图形上要画上剖面符号。不需在剖面区域中表示材料的类别时，可采用通用剖面线表示。通用剖面线一般应画成与主要轮廓线或对称线成45°角，间隔相等的平行细实线，如图5-6（c）和图5-7所示。若需在剖面区域表示材料类别，应采用表5-1所示特定的剖面符号表示。

图5-7　剖面线画法

表 5 - 1　　　　部分特定的剖面符号（GB/T 17453—2005、GB/T 4457. 5—2013）

金属材料/普通砖			线圈绕组元件		混凝土	
非金属材料（除普通砖外）			转子、电枢、变压器和电抗器等的叠钢片		钢筋混凝土	
木材	纵剖面		型砂、填砂、砂轮、陶瓷及硬质合金刀片、粉末冶金		固体材料	
	横剖面		液体		基础周围的泥土	
玻璃及供观察用的其他透明材料			胶合板（不分层数）		格网（筛网、过滤网等）	

（3）由于剖切是假想的，因此当物体的一个视图画成剖视图后，其他视图仍应完整地画出。若在一个物体上作几次剖切时，每次剖切都应认为是对完整物体进行的，即与其他的剖切无关。根据物体内部形状、结构表达的需要，可把几个视图同时画成剖视图，它们之间相互独立，互不影响。

（4）在剖视图中，物体后部的不可见轮廓线（虚线）一般省略不画，只有对尚未表达清楚的结构，才用虚线画出，如图 5 - 8 所示。

（5）基本视图配置的规定同样适用于剖视图，如图 5 - 9 中的 A—A 剖视；剖视图也可按投影关系配置在与剖切符号相对应的位置，如图 5 - 9 中的 B—B 剖视；必要时也允许配置在其他适当的位置。

（6）在同一物体的各剖面区域中，其剖面线画法应一致，即剖面线方向及间距应一致，如图 5 - 9 所示。

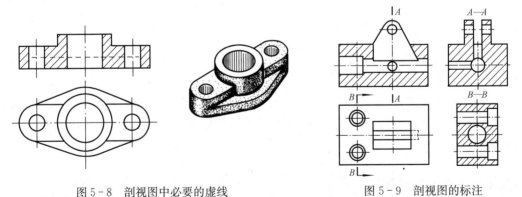

图 5-8　剖视图中必要的虚线　　　　　　　　图 5-9　剖视图的标注

（7）画剖视图时，在剖切平面后面的可见轮廓线都必须用粗实线画出，不能遗漏，对此，必须给予特别注意，如图 5 - 10 所示；对于剖切面前面的可见外形，由于剖切后已不存在的轮廓线不应再画出，所以图 5 - 8 主视图中的虚线不能画成粗实线。

3．剖视图的标注

（1）一般应在剖视图的上方用字母标出剖视图的名称"×—×"。在相应的视图上用剖切符号、剖切线表示剖切位置，剖切符号线宽为（1～1.5）d（d 为粗实线宽度），长 5～10mm 断开的粗实线；用箭头表示投射方向，要求尽可能不与图形的轮廓线相交，剖切符号之间的剖切线可省略不画。如图 5-9 中的 B—B 剖视。

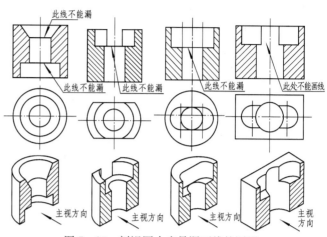

图 5-10　剖视图中容易漏画线的图形

（2）当剖视图按投影关系配置，中间又没有其他图形隔开时，可省略箭头，如图 5-9 中的 A—A 剖视。

（3）当单一剖切平面通过零件的对称平面或基本对称的平面，且剖视图按投影关系配置，中间又没有其他图形隔开时，不必标注，如图 5-9 中的主视图。

二、剖视图的种类

剖视图按物体被剖切范围的大小可分为全剖视图、半剖视图和局部剖视图 3 种。

1. 全剖视图

用剖切面完全地剖开物体所得的剖视图，称为全剖视图。如图 5-6（c）、图 5-8、图 5-9 均为全剖视图。当物体的外形简单或外形在其他视图中已表示清楚时，常采用全剖视图来表示物体的内部结构。

2. 半剖视图

当物体具有对称平面时，向垂直于对称平面的投影面上投射所得的图形，可以对称平面中心线为界，一半画成剖视图，另一半画成视图，这种组合的图形称为半剖视图，如图 5-11 所示。

若物体的结构接近于对称，且不对称部分已在其他视图上表达清楚时，也可画成半剖视图，如图 5-12 所示。

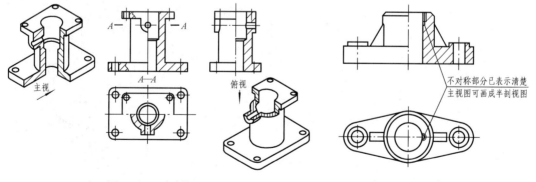

图 5-11　半剖视图　　　　　　　　图 5-12　结构接近于对称的半剖视图

画半剖视图时应注意以下几点：

（1）半个剖视图与半个视图之间的分界线应是点划线，不能画成粗实线。

（2）画半剖视图时，当视图与剖视图左右配置时，规定把剖视图画在中心线的右边。当两者上下配置时，把剖视图画在中心线的下边，如图 5-11 所示。

（3）物体的内部结构在半个剖视图中已经表示清楚后，在半个视图中就不应再画出虚线。对于那些在半个剖视图中未表达清楚的结构，可以在另半个视图中作局部剖视（见图 5-11 主视图）。

（4）半剖视图的标注方法与全剖视图的标注方法相同，如图 5-11 中的 A—A 半剖视图，它的剖切线位置是按全剖视图的方法标注的。

3. 局部剖视图

用剖切面局部地剖开物体所得的剖视图称为局部剖视图，如图 5-13 所示。

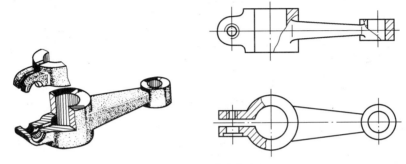

图 5-13　局部剖视图

（1）局部剖视图是一种比较灵活的表达方法，在下列情况下宜采用局部剖视图：

1）需要保留部分外形又要表示内部形状的不对称物体，如图 5-13 所示的主视图。

2）物体中仅有部分内部结构需要表示，而又不必或不宜采用全剖视图时，如图 5-13 的俯视图。

3）物体虽然对称，但轮廓线和对称线重合，此时应采用局部剖视图，如图 5-14 所示。

4）如有需要，在剖视图的剖面区域中可再作一次局部剖，如图 5-15 所示。采用这种表示方式时，两个剖面区域的剖面线应同方向、同间隔，但要相互错开，并引出标注其名称。

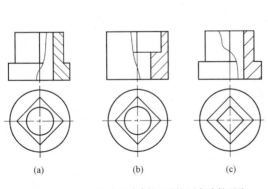

图 5-14　不宜采用半剖视图的局部剖视图

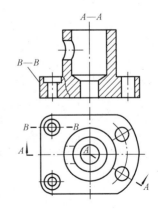

图 5-15　剖中剖

（2）画局部剖视图时应注意以下几点：

1）区分视图与剖视图部分的波浪线，应画在物体的实体上，不应超出图形轮廓之外，也不应画入孔、槽之内，而且不能与图形上的轮廓线重合，如图 5-16 所示。

2）当被剖切的局部结构为回转体时，允许将该结构的轴线作为剖视图与视图的分界线，如图 5-17 主视图所示的局部剖视图。

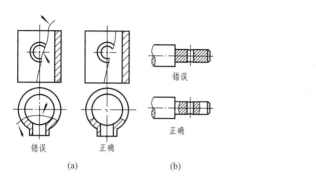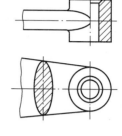

图 5-16　局部剖视图的正误画法对比　　　　图 5-17　用结构中心线代替波浪线的局部剖视图

3）局部剖视图的标注方法与全剖视图相同，当单一剖切平面的剖切位置明确时，局部剖视图不必标注。

三、剖切面的种类

1. 单一剖切面

（1）用平行于某一基本投影面的单一剖切面剖切物体。前面提到的那些剖视图，都是采用这种平行于某一基本投影面的平面剖切的，包括全剖视图、半剖视图、局部剖视图。

（2）用垂直于基本投影面的单一剖切面剖切物体。采用垂直于基本投影面的剖切平面剖开物体所获得的倾斜放置的剖视图，如图 5-18 所示。画这种剖视图时要注意以下几点：

1）剖视图所在的投影面平行于剖切平面，但不平行于任何基本投影面。

2）剖视图应尽量按投影关系配置，如图 5-18（a）所示。必要时允许将剖视图配置在图纸的其他地方；在不致引起误解时，还可以将剖视图转正后画出，此时在剖视图上方需要标注旋转符号，如图 5-18（b）所示。

3）剖视图必须进行标注，如图 5-18 所示。

4）剖视图主要用来表达物体倾斜部分的实形，应避

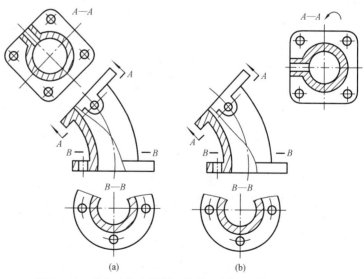

图 5-18　垂直于基本投影面的单一剖切面获得的剖视图

免在剖视图中表达物体上其余不反映实形的投影。

2. 几个平行的剖切平面

用几个相互平行的剖切平面将物体剖开后获得的剖视图，如图 5-19 所示。画这种剖视

图时要注意：

（1）在剖视图上不应出现剖切平面转折处的界线，如图5-20所示。

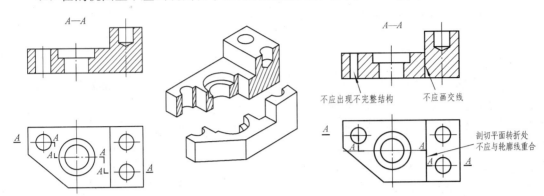

图5-19　几个平行剖切平面获得的剖视图的画法　图5-20　几个平行剖切平面剖视图中的错误画法

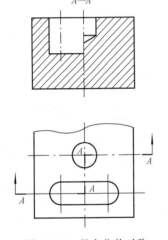

图5-21　具有公共对称中心线或轴线的剖视图

（2）在剖视图中，不允许出现物体的不完整要素，只有当两个要素在剖视图中具有公共对称中心线或轴线时，才能各画一半，如图5-21所示。

（3）用几个相互平行的剖切平面剖切物体必须标注，在剖切面的起讫、转折处画上剖切符号，标上相同字母，见图5-19；当转折处位置有限，且不致引起误解时，可省略转折处的字母。

3．几个相交的剖切面

用几个相交的剖切面（交线垂直于某一基本投影面）剖开物体的方法获得剖视图。在画剖视图时，先假想按剖切位置剖开物体，然后将被剖切平面剖开的结构及其有关部分旋转到与选定的投影面平行，再进行投射。

这种剖视图一般用来表达盘类、端盖等一类具有回转轴线的机件，也可用来表达有公共回转轴线的非回转体机件，如图5-22所示摇杆就是采用两个相交平面剖开机件来表达的。

画这种剖视图时应注意以下几点：

（1）必须标注出剖切位置，在它的起讫和转折处标注字母"×"，在剖切符号两端画出表示剖切后投射方向的箭头，并在剖视图上方应用同样的字母注明剖视图的名称"×—×"；但当转折处位置有限而又不致引起误解时，允许省略标注转折处的字母。

（2）处在剖切平面后面的其他结构要素，一般仍按原来的位置投影，如图5-22所示的俯视图中小孔的投影仍按原来的位置画出。

（3）当剖切后物体上产生不完整的要素时，应将此部分按不剖绘制，如图5-23所示机件的臂，仍按未剖时的投影画出。

（4）当物体形状较复杂时，可以采用如图5-24、图5-25所示的剖切方法画出剖视图，当采用展开画法时应标注"×—×展开"。

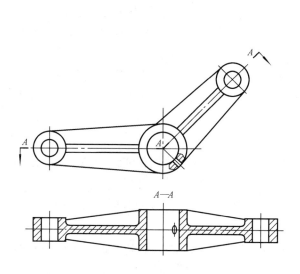

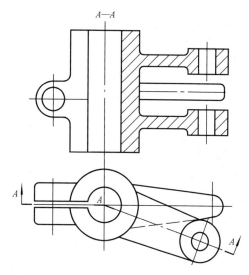

图 5 - 22　剖切平面后其他结构的处理　　　　图 5 - 23　剖切产生的不完整要素的处理

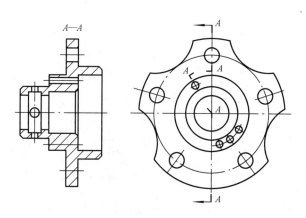

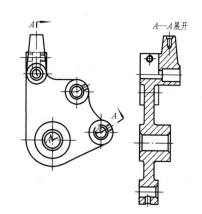

图 5 - 24　旋转绘制剖视图的画法　　　　图 5 - 25　展开绘制剖视图的展开画法

第三节　断　面　图

一、断面图的概念

假想用剖切面将物体的某处切断，仅画出该剖切面与物体接触部分的图形，称为断面图。断面图可简称为断面，如图 5 - 26 所示。

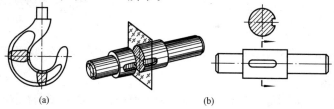

(a)　　　　　　　　　　　(b)

图 5 - 26　断面图的概念

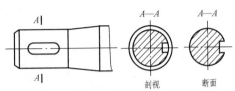

图 5-27 剖视图与断面图的比较

断面图与剖视图的区别是：断面图仅画出物体剖切处断面的投影；而剖视图除画出物体剖切处断面的投影外，剖切平面后面的其他可见部分的投影也要画出，如图 5-27 所示。

根据断面图在图中配置的位置不同，断面图可分为移出断面图［如图 5-26（b）］和重合断面图［如图 5-26（a）］两种。

二、移出断面图

画在视图之外的断面图称为移出断面图。移出断面图的轮廓线用粗实线绘制。画移出断面图应注意以下几点：

（1）移出断面图应尽量配置在剖切符号或剖切线的延长线上。为合理利用图纸，也可将移出断面图配置在其他适当位置。

（2）在一般情况下，断面图只画出物体剖切断面处的投影，但当剖切平面通过由回转面形成的孔或凹坑的轴线时，这些结构按剖视绘制，如图 5-28 所示。

（3）当剖切面通过非圆孔，会导致出现完全分离的两个断面图时，则这些结构应按剖视图绘制，如图 5-29 所示。

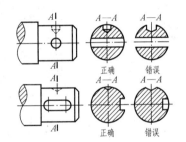

图 5-28 带有孔或凹坑的断面图

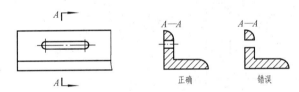

图 5-29 按剖视图绘制的非圆孔断面

（4）当断面图形对称时，也可画在视图的中断处，如图 5-30 所示。

（5）为了表达断面的实形，剖切平面应与被剖切部分的主要轮廓线垂直。由两个或多个相交的剖切平面剖切得出的移出断面图，中间一般应断开画出，如图 5-31 所示。

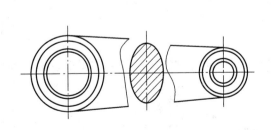

图 5-30 移出断面图配置在视图中断处

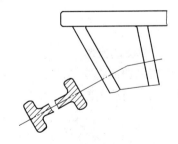

图 5-31 两相交剖切平面剖切的移出断面图

三、重合断面图

画在视图之内的断面图称为重合断面图。为了避免重合断面图与视图轮廓线混淆，重合断面图的轮廓线用细实线绘制。当视图中轮廓线与重合断面图的图形重叠时，视图中的轮廓线仍应连续画出，不可间断，如图 5-32 所示。

四、断面图的标注

（1）为了便于看图，移出断面图一般要用剖切符号表示剖切位置，用箭头表示投射方向并标注上字母，在断面图的上方应用同样的字母标注出相应的名称"×—×"，如图 5-33 所示的 B—B 断面图。

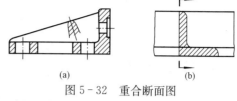

图 5-32　重合断面图

（2）画在剖切符号延长线上的不对称的移出断面，要标出剖切符号和箭头，不必标注字母，如图 5-26（b）所示。

（3）不配置在剖切符号延长线上的对称移出断面（如图 5-33 所示的 A—A 断面）以及按投影关系配置的移出断面（图 5-33 所示的 C—C 断面），一般不必标注箭头。

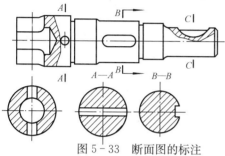

图 5-33　断面图的标注

（4）对称的重合断面及画在视图中断处的对称移出断面不必标注，如图 5-32（a）及图 5-30；画在剖切平面延长线上的对称移出断面均不必标注字母和箭头，但应画出剖切线，如图 5-31 及图 5-33 左边第一个移出断面，不对称的重合断面可省略标注字母。

第四节　其他表达方法

一、局部放大图

将物体上的部分结构，用大于原图形采用的比例画出的图形称为局部放大图。当物体上某些细小的结构在原图中难以表达清楚或者不便于标注尺寸时，可采用局部放大图画出。如图 5-34 所示。

画局部放大图时应注意以下几点：

（1）局部放大图可画成视图、剖视图、断面图，它与被放大部分的表达方法无关，且比例仍是图形与其实物相应要素的线性尺寸之比，与原图所采用的比例无关。

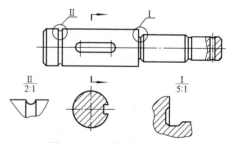

图 5-34　局部放大图（一）

（2）局部放大图应尽量配置在被放大部位的附近。画局部放大图时，需用细实线圆（或长圆）圈出被放大的部位，如图 5-34 所示。同时有几处被放大时，必须用罗马数字依次标明被放大的部位，并在局部放大图上方标注出相应的罗马数字和采用的比例。若只有一处被放大，则只要注明所采用的比例。

（3）当同一物体上不同部位的局部放大图图形相同或对称时，只需画出一个局部放大图，如图 5-35 所示。

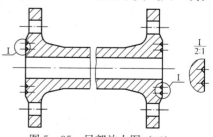

图 5-35　局部放大图（二）

二、简化画法

1. 肋板、轮辐在剖视图中的画法

当剖切平面通过肋板厚度方向的对称平面或轮辐的轴线时，这些结构都不画剖面符号，而用粗实线将它们与其邻接部分分开，如图 5-36、图 5-37 所示。而当剖切平面垂直于肋板的对称平面和轮辐的轴线剖切时，肋板和轮辐仍要画上剖面符号，如图 5-36 的俯视图所示。

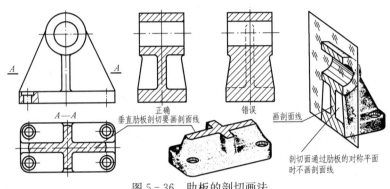

图 5-36   肋板的剖切画法

2. 均匀分布的结构要素在剖视图中的画法

当回转体一类的物体上有成辐射状均匀分布的孔、肋板、轮辐等结构且它们不处于剖切平面上时，可将这些结构旋转到剖切平面上画出，如图 5-38、图 5-37 所示，EQS 为均匀分布结构标记。

图 5-37   轮辐的剖切画法

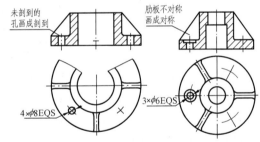

图 5-38   回转零件均匀分布的肋板和孔的画法

3. 相同结构要素的画法

当物体具有若干相同结构（齿、槽、孔等）并按一定规律分布时，只需画出一个或少量几个完整的结构，其余用细实线连接或画出中心线位置，尽可能减少相同结构要素的重复绘制，并在图上注明该结构的总数，如图 5-39 所示。

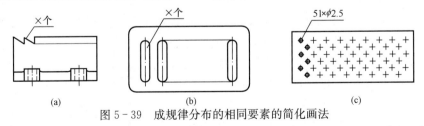

图 5-39   成规律分布的相同要素的简化画法

4. 对称图形的简化画法

在不致引起误解时，对称物体的视图，可只画一半或四分之一，并在对称中心线的两端

画出两条与其垂直的平行细实线，如图 5 - 40 所示。

5. 网状物及滚花的示意画法

网状物、编织物或物体上的滚花部分，可在轮廓线附近用粗实线局部示意画出，也可省略不画，在零件图上或技术要求中应注明这些结构的具体要求，如图 5 - 41 所示。

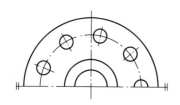

图 5 - 40 对称机件的简化画法

网纹0.8

图 5 - 41 网纹的示意画法

6. 不能充分表达的平面的画法

当回转体零件上的平面在图形中不能充分表达时，可用平面符号（相交两细实线）表示，如图 5 - 42 所示。

7. 截交线及相贯线的简化画法

物体上的某些截交线或相贯线，在不会引起误解时，允许简化绘制，如图 5 - 43 所示。

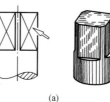

(a)   (b)

图 5 - 42 小平面的表示法

8. 法兰盘上孔的简化画法

圆柱形法兰盘和与其类似的物体上均匀分布的孔，可按图 5 - 44 的方法绘制。

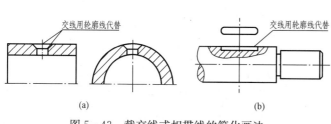

交线用轮廓线代替

交线用轮廓线代替

(a)   (b)

图 5 - 43 截交线或相贯线的简化画法

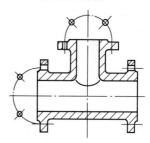

图 5 - 44 法兰盘上均布的孔

9. 倾斜圆的规定画法

与投影面倾斜的角度小于或等于30°的圆或圆弧，可用圆或圆弧来代替其在投影面上的投影（椭圆或椭圆弧），如图 5 - 45 所示。

10. 小斜度结构的规定画法

物体上斜度不大的结构，如在一个图形中已表达清楚时，其他图形按小端画出，如图 5 - 46所示。

11. 小圆角的省略画法

在不致引起误解时，零件图中的小圆角、锐边的小倒角或 45° 小倒角允许省略不画，但必须注明尺寸或在技术要求中加以说明，如图 5 - 47 所示。

12. 剖面符号的省略画法

在不致引起误解时，所画物体的移出断面允许省略剖面符号，但剖切位置和断面图的标注必须符合规定，如图 5-48 所示。

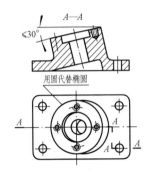

图 5-45　用圆弧代替非圆曲线的画法

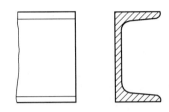

图 5-46　小斜度的规定画法

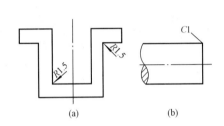

图 5-47　小圆角、小倒角的省略画法

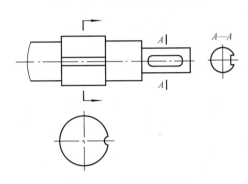

图 5-48　省略剖面符号

13. 折断画法

较长的物体（轴、杆、型材等）沿长度方向的形状一致或按一定规律变化时，可断开后缩短绘制。断开后的尺寸仍应按实际长度标注，如图 5-49 所示。

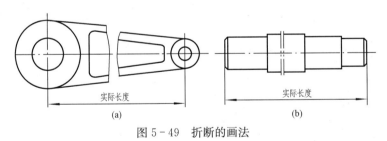

图 5-49　折断的画法

第五节　表达方法的应用举例

前面介绍了物体的各种表达方法，在画图时，应根据物体的形状和结构特点，灵活选用表达方法。对于同一物体，可以有多种表达方案，应加以比较，择优选取。选择表达方案应遵循的基本原则是：用较少的图形和符号就可以完整、清晰地表达物体的外部及内部的形状和结构。决定物体表达方案的一般步骤是：分析物体形状——选择主视图——选择其他视图。这里所谓视图是泛指视图、剖视、断面和其他表达方法。要求每一视图有一表达重点，各视图之间应相互补充而不重复，达到看图容易，制图简便的目的。下面举例说明。

【例5－1】　支架。

解　(1) 分析支架形体。图5－50 (a) 所示的主体有圆筒体 F 和倾斜底板 H，另有十字形肋板 G 连接 F 和 H。底板上有4个通孔。

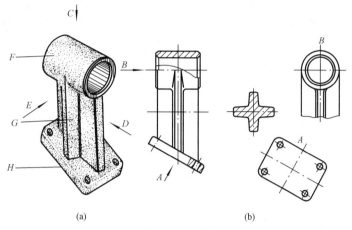

(a)　　　　　　　　　　　(b)

图5－50　支架

(2) 选择主视图。选择主视图时，要对支架的各个方向特别是 C、D、E 三个方向进行观察比较。要使主视图与支架的工作位置一致，这就排除了 C 向；还要使主视图反映支架的特征，便于画图、读图。如果选 D 向为主视图，则底板和它上面的孔在图中都是变形的，不便画图。因此选 E 向作主视图比较好。为了画图、读图方便，还要尽量使机件的主要轴线成为投影面垂直线，机件的主要平面成为投影面平行面或垂直面，避免机件上出现一般位置平面和一般位置直线段。因此，让支架圆筒的轴线成为侧垂线较合适，这样，十字形肋板的主要平面成了投影面平行面，底板的主要平面成了正垂面。在选择主视图时，还要决定是否取剖视？怎样剖？这个支架的主视图可选用局部剖，以显示圆筒和底板上圆孔的结构，见图5－50 (b)。

(3) 选择其他视图。底板与 H 面和 W 面倾斜，采用俯、左两视图是不可取的。为此，可作一"A"方向的斜视图反映底板实形，再画一个移出断面显示十字形肋板的形状结构，如图5－50 (b) 所示。然后在三个图形上标注尺寸就能充分地表达支架的结构形状和大小。在没有标注尺寸的情况下，加画一个"B"方向的局部视图是必要的。

【例5－2】　壳体。

解　(1) 分析壳体形体。图5－51所示壳体由圆筒、底板和连接板3部分组成。

(2) 选择主视图。主视图的全剖视图是用正平面通过壳体前后对称面剖切得到的。它清楚地表达了内部的主要结构；左端凸缘上螺孔的中心不在剖切面内，图上

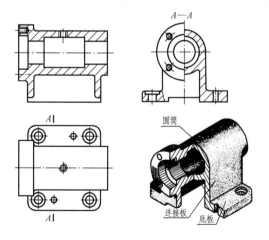

图5－51　壳体

按回转零件均匀分布孔的剖切画法画出，孔的数目和位置在左视图上表示。主视方向的外形比较简单，从俯视图、左视图可以看清楚，无需特别表达。

（3）选择其他视图。俯视图是外形图，主要反映底板的形状和安装孔、销孔的位置。左视图利用壳体前后对称的特点，采用半剖视图。从"A—A"的位置剖切，既反映了圆筒、前后连接板和底板之间的连接情况，又表现了底板上销孔的穿通情况。左边的外形主要表达圆筒端面上螺孔的数量和分布位置。局部剖视图表示底板上的安装孔。

图5-51的三个视图，表达方法搭配适当，每个视图都有表达的重点，目的明确，既起到了相互配合和补充的作用，又达到了视图数量适当的要求。

第六章　标准件和常用件

在各种机械、仪器及设备中，经常会用到一些紧固件、传动件和支承件，如螺钉、螺栓、螺母、键、销、滚动轴承、弹簧、齿轮等。由于这些零件及组件应用广泛，使用量极大，所以它们中有些结构和尺寸已全部标准化了，称为标准件。有的重要参数已标准化了，称为常用件。这些标准件和常用件已全部或部分标准化，有利于大量生产、加工和使用。同时国家标准还对其画法作了规定，以便于制图。

第一节　螺　　纹

一、螺纹的形成

在圆柱（或圆锥）表面上，沿着螺旋线所形成的，具有相同轴向断面的连续凸起和沟槽称为螺纹。在圆柱（或圆锥）外表面上形成的螺纹称为外螺纹，在圆柱（或圆锥）内表面上形成的螺纹称为内螺纹。

二、螺纹的加工方法

螺纹的加工方法很多，如在机床上用车制、碾压及用手工工具丝锥、板牙等加工，如图6-1所示。

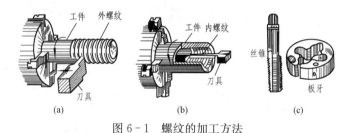

图6-1　螺纹的加工方法

三、螺纹的结构要素

1. 牙型

沿螺纹轴线方向剖切，所得的螺纹牙齿断面的形状称为螺纹的牙型。常见的牙型有三角形、梯形、锯齿形等。

2. 螺纹直径

螺纹直径分大径、中径和小径，如图6-2所示。

（1）大径。与外螺纹牙顶或内螺纹牙底相重合的假想圆柱面的直径称为螺纹大径。一般大径即为公称直径。内、外螺纹的大径分别用 D、d 表示。

外螺纹的大径 d 又称为顶径；内螺纹的大径 D 又称为底径。

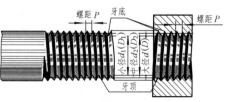

图6-2　螺纹的直径

（2）小径。与外螺纹牙底或内螺纹牙顶相重合的假想圆柱面的直径称为螺纹小径。内、外螺纹的小径分别用 D_1、d_1 表示。

外螺纹的小径 d_1 又称为底径；内螺纹的小径 D_1 又称为顶径。

（3）中径。它是一个假想圆柱面的直径，即在大径和小径之间，其母线通过牙型上的沟槽和凸起宽度相等的假想圆柱的直径称为中径。内、外螺纹的中径分别用 D_2、d_2 表示。

3. 线数

螺纹有单线和多线之分。当圆柱面上只有一条螺旋线所形成的螺纹称为单线螺纹，如图 6-3（a）所示；有两条或两条以上在轴向等距离分布的螺旋线所形成的螺纹称为多线螺纹，如图 6-3（b）所示。螺纹的线数用 n 表示。

4. 螺距和导程

相邻两牙在中径线上对应点间的轴向距离称为螺距，用 P 表示；同一条螺旋线上相邻两牙在中径线上对应点间的距离称为导程，用 Ph 表示，如图 6-3 所示。对于单线螺纹，螺距等于导程；多线螺纹的螺距 $P=Ph/n$。

5. 旋向

螺纹按旋向分为右旋螺纹和左旋螺纹。顺时针旋转时旋入的螺纹称为右旋螺纹；逆时针旋转时旋入的螺纹称为左旋螺纹。工程上常用右旋螺纹。判断旋向的方法，如图 6-4 所示。

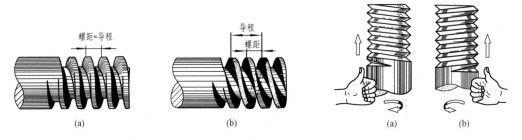

图 6-3　螺纹的线数　　　　　　　　图 6-4　螺纹的旋向

内、外螺纹连接的条件是螺纹的五个结构要素必须完全相同，否则内、外螺纹不能相互旋合。

国家标准对螺纹的牙型、大径和螺距都作了统一规定。当这三项要素均符合标准规定时，称为标准螺纹。若牙型符合标准规定，而大径或螺距不符合标准规定，则称为特殊螺纹。凡牙型不符合标准规定的螺纹，称为非标准螺纹。

四、螺纹的规定画法

1. 外螺纹的画法

国家标准规定，外螺纹的大径和螺纹终止线用粗实线绘制，小径（约等于大径的 0.85 倍）用细实线绘制。在平行于螺杆轴线的投影面的视图中，小径细实线要画入倒角内；在垂直于螺杆轴线的投影面的视图中，表示小径的细实线圆只画约 3/4 圈，此时螺纹的倒角圆规定省略不画，如图 6-5（a）所示。图 6-5（b）为外螺纹的剖视画法。当要表示螺纹收尾时，螺尾部分的小径用与轴线成 30°的细实线绘制，如图 6-7 所示。

2. 内螺纹的画法

在剖视图中，内螺纹的大径用细实线绘制，小径（约等于大径的 0.85 倍）用粗实线绘制，螺纹终止线用粗实线绘制。在垂直于螺纹轴线的投影面的视图中，表示小径的圆用粗实

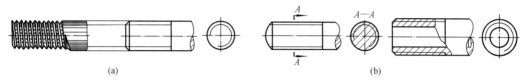

图 6-5 外螺纹的规定画法

线绘制，表示大径的细实线圆只画约 3/4 圈，此时螺纹孔的倒角圆省略不画，如图 6-6 所示。绘制不通的螺孔时，一般应将钻孔深度与螺纹部分的深度分别画出，见图 6-7。

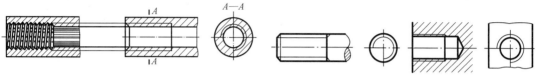

图 6-6 内螺纹的规定画法　　　　　　　图 6-7 螺尾的规定画法

无论是外螺纹还是内螺纹，在剖视图或断面图中的剖面线都应画到粗实线。

对于不可见螺纹的所有图线按虚线绘制，如图 6-8 所示。

3. 螺纹连接的画法

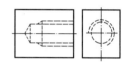

图 6-8 不可见螺纹画法

以剖视图表示内外螺纹连接时，其旋合部分应按外螺纹绘制，其余部分仍按各自螺纹的画法绘制，如图 6-9 所示。绘图时需要注意，由于只有结构要素相同的内外螺纹才能旋合在一起，所以在剖视图上，表示内外螺纹大、小径的粗实线和细实线应分别对齐。

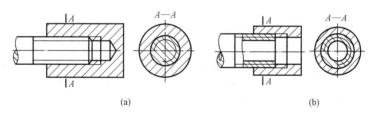

图 6-9 螺纹连接画法

4. 螺纹牙型的画法

对于标准螺纹，图中一般不画牙型。需要显示牙型的螺纹，可在局部剖视图、全剖视图或局部放大图中画出几个牙型轮廓，如图 6-10 所示。

5. 螺纹孔相交的画法

螺纹孔相交时，需要画出钻孔的相贯线，其余仍按螺纹画法，如图 6-11 所示。

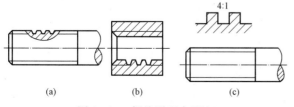

图 6-10 螺纹牙型表示法

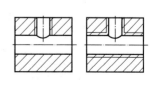

图 6-11 螺纹相贯的画法

五、螺纹的种类及标注方法

1. 螺纹种类

螺纹按用途可分成：连接螺纹如普通螺纹、管螺纹；传动螺纹如梯形螺纹、锯齿形螺纹等等。其具体分类详见表 6-1。

表 6-1　　　　　　　　　螺纹的牙型、代号和标注示例

螺纹种类		牙型放大图	螺纹特征代号	标注示例	说明
连接螺纹	粗牙普通螺纹	60°	M	M10-5g6g	用于一般零件的连接，公称直径为10mm，右旋粗牙普通螺纹，中径公差带代号5g，顶径公差带代号6g，中等旋合长度
	细牙普通螺纹			M12×1.5-6g	用于精密零件，薄壁零件或负荷大的零件，公称直径为12mm，右旋，螺距为1.5mm细牙普通螺纹，中径和顶径公差带代号6g，中等旋合长度
	55°非密封管螺纹	55°	G	G1/2	用于非螺纹密封的低压管路的连接
	55°密封管螺纹	55°	R_p R_1 R_c R_2	Rc1/2	用于螺纹密封的中高压管路的连接 R_p：圆柱内螺纹 R_1：圆锥外螺纹（与圆柱内螺纹配） R_c：圆锥内螺纹 R_2：圆锥外螺纹（与圆锥内螺纹配） R_c 表示圆锥内螺纹，尺寸代号为1/2
传动螺纹	梯形螺纹	30°	Tr	Tr32×12(P6)-6e	可双向传递运动和动力，公称直径为32mm，导程为12mm，螺距为6mm，右旋双线梯形螺纹，中径公差带代号为6e，中等旋合长度
	锯齿形螺纹	3° 30°	B	B40×14(P7)LH	只能传递单向动力，公称直径为40mm，导程为14mm，螺距为7mm，左旋双线锯齿形螺纹
	矩形螺纹		非标准螺纹	6　3　φ24 φ30	非标准螺纹可按规定画法画出，但必须画出牙型、螺纹的大径30mm、小径24mm、螺距6mm、牙型尺寸3mm

2. 螺纹的标注

由于螺纹采用了统一规定的画法，为识别螺纹的种类和要素，螺纹必须按规定格式进行标注。

(1) 普通螺纹和梯形螺纹的代号内容及标注基本格式。格式如下所示：

$$\boxed{\text{螺纹特征代号}}\ \boxed{\text{公称直径}}\times\boxed{\text{螺距（导程/线数）}}\ \boxed{\text{旋向}}-\boxed{\text{公差代号}}-\boxed{\text{旋合长度代号}}$$

螺纹特征代号见表 6 - 1。公称直径指螺纹大径。粗牙普通螺纹的螺距省略标注，当线数为 1 时，导程和线数省略。当为右旋螺纹时，"旋向"省略，左旋螺纹用 "LH" 表示。旋合长度为中等时 "N" 可省略。

螺纹公差带代号。表示螺纹允许的尺寸公差（分为中径公差和顶径公差两种），由数字和字母组成，如 6H、5g 等。如果中径、顶径公差相同，则只标注一个。对于梯形螺纹和锯齿形螺纹只标注中径公差带代号。

旋合长度代号。螺纹旋合长度是指两个相互配合的螺纹，沿螺纹轴线方向相互旋合部分的长度（螺纹端面倒角不包括在内）。普通螺纹旋合长度分短（S）、中（N）、长（L）三组，梯形螺纹分 N、L 两组。

在图样中普通螺纹和梯形螺纹的标记注在螺纹大径的尺寸处，具体标注示例见表 6 - 1。

(2) 管螺纹的代号内容及标注基本格式。格式如下所示：

$$\boxed{\text{螺纹特征代号}}\ \boxed{\text{尺寸代号}}\ \boxed{\text{公差等级代号}}--\boxed{\text{旋\quad向}}$$

管螺纹分为 55°非密封管螺纹和 55°密封管螺纹两种，螺纹特征代号见表 6 - 1。画图时管螺纹大、小径的数值应根据尺寸代号查出具体数值。如 G1 管螺纹的大、小径经查表数值分别为 33.250mm、30.293mm。

对于 55°非密封管螺纹，外螺纹的公差等级分 A 级和 B 级两种，A 级为精密级，B 级为粗糙级；内螺纹只有一种公差等级，故不需标注。对于 55°密封管螺纹，只有一种公差等级，所以不需标注。55°非密封和 55°密封的管螺纹，右旋螺纹不标注旋向，左旋螺纹标注 "LH"。

在图样中管螺纹的标记必须标注在由螺纹大径引出的指引线上，这一点一定要与普通螺纹和梯形螺纹的标注方法严格区别开来，其标注示例见表 6 - 1。

(3) 特殊螺纹的标注。特殊螺纹的标注，应在牙型符号前加注"特"字，并注出大径和螺距，如图 6 - 12（a）所示。

(4) 非标准螺纹的标注。应注出螺纹的大径、小径、螺距和牙型的尺寸，如图 6 - 12（b）所示。

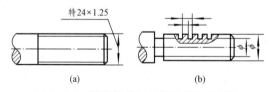

图 6 - 12 特殊螺纹与非标准螺纹的标注

第二节 螺纹紧固件

一、螺纹紧固件及其规定标记

螺栓、螺柱、螺钉、螺母和垫圈等统称螺纹紧固件，它们都属于标准件，一般由标准件厂生产，不需要画它们的零件图，外购时只要写出规定标记即可。表 6 - 2 列出了一些常用的螺纹紧固件及其规定标记。

表 6 - 2　　　　　　　　　　　常用的螺纹紧固件及其规定标记

名　称	标　记	图　例	说　明
六角头螺栓	螺栓 GB/T 5782—2000 M8×35		A 级六角头螺栓，螺纹规格 d＝M8，公称长度 l＝35
双头螺柱	螺柱 GB/T 898—1988 M10×35		A 型 b_m＝1.25d 的双头螺柱，螺纹规格 d＝M10，公称长度 l＝35，旋入机体一端长 b_m＝12.5
开槽圆柱头螺钉	螺钉 GB/T 65—2000 M10×50		螺纹规格 d＝M10，公称长度 l＝50 的开槽圆柱头螺钉
开槽沉头螺钉	螺钉 GB/T 68—2000 M10×60		螺纹规格 d＝M10，公称长度 l＝60 的开槽沉头螺钉
开槽长圆柱端紧定螺钉	螺钉 GB/T 75—2000 M10×30		螺纹规格 d＝M10，公称长度 l＝30 的开槽长圆柱端紧定螺钉
六角螺母	螺母 GB/T 6170—2000 M10		A 级 I 型六角螺母，螺纹规格 d＝M10
平垫圈	垫圈 GB/T 97.1—2002 10		A 级平垫圈，公称尺寸 d＝M10（螺纹规格），性能等级为 140HV（硬度）级
标准型弹簧垫圈	垫圈 GB/T 93—1987 12		标准型弹簧垫圈，公称尺寸 d＝M12（螺纹规格）

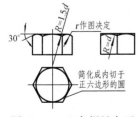

图 6 - 13　六角螺母表面
上曲线的比例画法

当需要画出标准件时，六角螺母和六角螺栓头部外表面上的双曲线，可根据公称直径的尺寸，采用图 6 - 13 所示的比例近似画法画出。

二、螺纹紧固件的装配图画法

1. 画螺纹紧固件装配图的一般规定

（1）两零件表面接触时，画一条粗实线，不接触时画两条粗实线，间隙过小时应夸大画出，如图 6 - 15 所示。

（2）当剖切平面通过紧固件的轴线时，对于螺柱、螺栓、螺钉、螺母及垫圈等均按未被剖切绘制，螺纹紧固件的工艺结构如倒角、退刀槽、缩颈、凸肩等均可省略不画。

（3）同一零件在各剖视图中，剖面线的方向和间隔要保持一致。在同一剖视图中，要使相邻两零件的剖面线方向相反，或者间距不等来区分，如图6-14、图6-15所示。

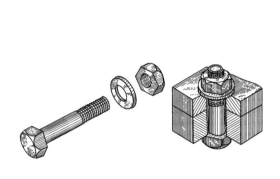

图6-14 螺栓连接

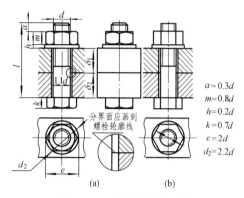

$$a \approx 0.3d$$
$$m = 0.8d$$
$$h = 0.2d$$
$$k = 0.7d$$
$$e = 2d$$
$$d_2 = 2.2d$$

图6-15 螺栓连接的画法

2. 螺栓连接

螺栓常用于连接紧固厚度不大的两零件，被连接的两零件上应加工通孔，孔的直径略大于螺栓直径。将螺栓穿入通孔，在其穿出端套一垫圈，并旋紧螺母，如图6-14所示，其中的垫圈是用来增加支撑面和防止损伤被连接的表面。螺栓有效长度 l 的计算公式如下：

$$l > \delta_1 + \delta_2 + m + h + a \quad (a \approx 0.3d)$$

然后根据螺栓的标记查相应的标准尺寸，选取一个相近的标准尺寸作为 l 的数值。

确定紧固零件的尺寸有两种方法：第一种方法为查表法，所有紧固零件的尺寸都通过查表获得；第二种方法为比例法，为了节省查表时间，可按螺纹公称直径 d 的比例数确定有关尺寸，如图6-15所示，但螺栓的公称长度经初算后必须查表选取标准长度。

螺纹紧固件的装配画法有两种，第一种为近似画法，如图6-15（a）所示；第二种为简化画法，对其结构细节，如倒角、倒圆、螺尾和支承面结构等均省去不画，如图6-15（b）所示。

3. 双头螺柱连接

当两个被连接的零件中，一个较厚，不宜加工通孔，无法采用螺栓连接时，应改用双头螺柱连接，如图6-16所示。在较薄的零件上加工一个通孔，孔的直径应大于双头螺柱大径；在较厚的零件上则加工螺孔。双头螺柱旋入螺孔的一端称为旋入端；另一端称为紧固端。在紧固端要套垫圈和拧上螺母，如果采用弹簧垫圈，则其开口倾斜方向要顺着螺母旋进的方向。双头螺柱的有效长度 l 的计算公式如下：$l > \delta + m + h + a \quad (a \approx 0.3d)$。双头螺柱旋入端长度 b_m 要根据被旋入零件的材料来决定。对于钢或青铜：$b_m = d$（螺纹大径）；对于铸铁：$b_m = （1.25 或 1.5）d$；对于铝合金：$b_m = 2d$。

画图时应注意，旋入端的螺纹终止线应与被连接零件上的螺孔的端面平齐，如图6-17。

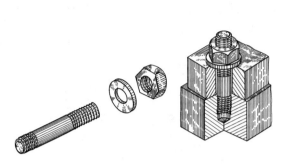

图 6-16　双头螺柱连接

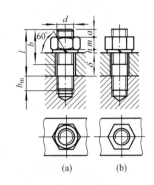

图 6-17　双头螺柱连接的画法

4. 螺钉连接

螺钉按用途分为连接螺钉和紧定螺钉两种。

（1）连接螺钉。不用螺母，而将螺钉直接拧入机件的螺孔内。连接螺钉连接多用于受力不大的情况。螺钉根据头部形状的不同而有多种型式，图6-18是两种常用螺钉的连接画法。

画图时应注意：

1）螺钉的有效长度 l 可按下式估算：$l=\delta_1+b_m$（b_m 根据被旋入零件的材料而定），然后根据估算的数值查表，选取相近的标准数值。

2）取螺纹长度 $b=2d$，使螺纹终止线伸出螺纹孔端面，以保证螺纹连接时能使螺钉旋入、压紧。

3）螺钉头的改锥槽主视图上可以涂黑成 2 倍粗实线宽度，俯视图上也涂黑成 2 倍粗实线宽度并画成与中心线成 45°倾斜角。

（2）紧定螺钉。用来固定两个零件的相对位置，使它们不产生相对运动，如图 6-19 所示。

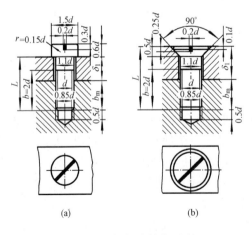

图 6-18　螺钉连接的画法

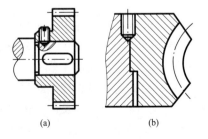

图 6-19　紧定螺钉

（a）锥端紧定螺钉紧定画法；（b）骑缝螺钉紧定画法

第三节　键、销 连 接

键、销都是标准件，它的结构、型式和尺寸都有规定，使用时可从有关手册中查阅选用。下面对它们作一些简要介绍。

一、键及其连接

键是用来连接轴及轴上的传动件，如齿轮、皮带轮等零件，起传递扭矩的作用，如图 6-20 所示。键一般分为常用键和花键两大类。

1. 常用键的画法和标注

常用的键有普通平键、半圆键和钩头楔键等，如图 6-21 所示。它们都已标准化，其画法和标记见表 6-3 所示。

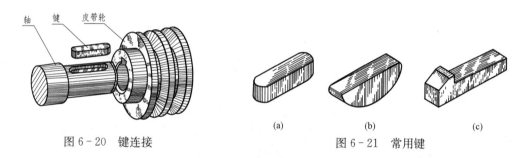

图 6-20　键连接　　　　　　　　　图 6-21　常用键

表 6-3　　　　　　　　　　　　　　键的型式和标记

名称	标准号	图例	标记示例
普通平键	GB/T 1096—2003		键 18×100　GB/T 1096—2003 表示：圆头普通平键（A 型，可不写 A），b＝18mm，L＝100mm，其他尺寸查 GB/T 1096—2003
半圆键	GB/T 1099.1—2003		键 6×22 GB/T 1099.1—2003 表示：半圆键，b＝6mm，L_1＝22mm，其他尺寸查 GB/T 1099.1—2003
钩头楔键	GB/T 1565—2003		键 18×100　GB/T 1565—2003 表示：钩头楔键，b＝18mm，L＝100mm，其他尺寸查 GB/T 1565—2003

2. 常用键的连接画法

在键的连接画法中，普通平键和半圆键均属于松键连接，键与键槽的两侧面为配合面，画成一条线；键的顶面与轮毂键槽底面间留有一定间隙，应画成两条线，如图 6-22、

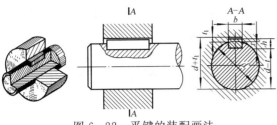

图6-22　平键的装配画法

图6-23所示。钩头楔键的顶面是工作面，与键槽底面为接触面，必须紧密接触，其余画法与普通平键类似，如图6-24所示。

剖切平面通过轴线和键的对称平面作纵向剖切时，键按不剖绘制。

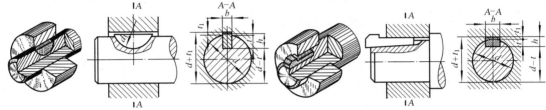

图6-23　半圆键的装配画法　　　　图6-24　钩头楔键的装配画法

3. 花键的规定画法和标注

花键已标准化，花键的齿形有矩形、渐开线形等。常用的矩形花键如图6-25所示。

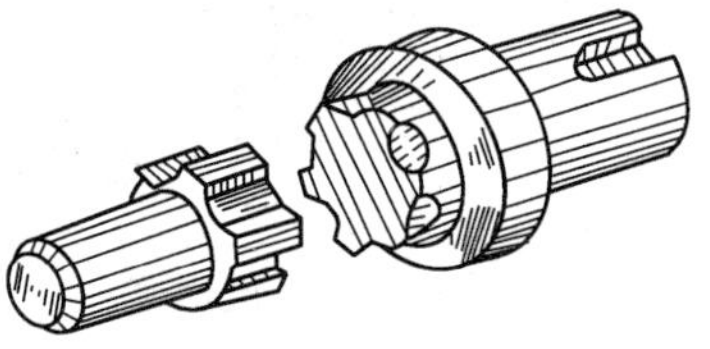

花键是把键直接做在轴上和轮孔上，与它们成一整体，因而具有传递扭矩大、连接强度高、工作可靠、同轴度和导向性好等优点，广泛应用于机床、汽车等的变速箱中。

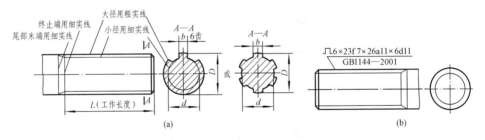

图6-25　矩形齿外花键

（1）外花键的画法和标注。画图时，应使外花键的轴线为侧垂线，其画法和标注方法如图6-26所示。

图6-26　外花键的规定画法和标注

（2）内花键的画法和标注。画图时，应使内花键的轴线为侧垂线，其画法和标注方法如图6-27所示。

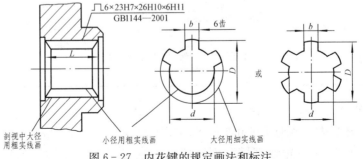

图6-27　内花键的规定画法和标注

（3）花键连接的画法。花键连接常用剖视图表示，其连接部分按外花键的画法，非连接部分按各自的规定画法绘制，如图6-28所示。

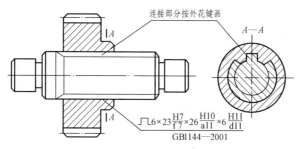

图 6-28　花键连接的规定画法和代号标注

花键连接图中的花键代号示例及其含义如下：

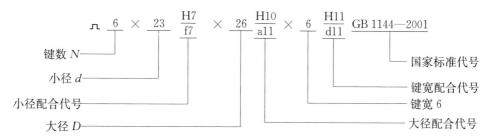

二、销连接

销用于定位、连接和锁定。常用的销有圆柱销、圆锥销、开口销三种。销为标准件，其规格、尺寸可从有关标准中查得。表6-4列出了常用的几种销的型式和标记示例。

表 6-4　　　　　　　　　　　　　　　　**销及其标记示例**

序号	名　称 （标准号）	图　　例	标记示例	说　明
1	圆柱销 （GB/T 119.1—2000）		公称直径 $d=8$mm、长度 $l=30$mm、公差为 m6，材料为钢、不经淬火、不经表面处理的圆柱销： 销 GB/T 119.1—2000　8×30	圆柱销分为不淬硬钢和奥氏体不锈钢（GB/T 119.1—2000）及淬硬钢和马氏体不锈钢（GB/T 119.2—2000）两种
2	圆锥销 （GB/T 117—2000）		公称直径 $d=$10mm、长度 $l=$60mm、材料为35钢、热处理硬度 28～38HRC、表面氧化处理的 A 型圆锥销： 销 GB 117—2000　A10×60	圆锥销按表面加工要求不同，分为 A、B 两种型式。 公称直径指小端直径

续表

序号	名 称 （标准号）	图 例	标记示例	说 明
3	开口销 (GB/T 91—2000) 	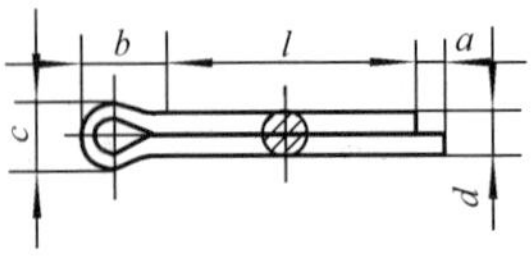	公称直径 $d=5$mm、长度 $l=40$mm、材料为低碳钢、不经表面处理的开口销： 销 GB 91—2000 5×40	公称直径指与之相配的销孔直径，故开口销公称直径都大于其实际直径

销的装配画法如图 6-29 所示。用销连接和定位的两个零件上的销孔，是一起加工的。在零件图上应当注明，如图 6-30 所示。圆锥销的公称尺寸是指小端直径。

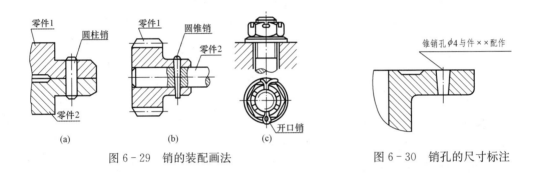

（a）　　　　　　（b）　　　　　　（c）

图 6-29　销的装配画法

图 6-30　销孔的尺寸标注

第四节　齿　　轮

齿轮是机械传动中广泛应用的零件，用来传递运动和力。一般利用一对齿轮将一根轴的转动传递到另一根轴，并可改变转速和旋转方向。根据传动的情况，齿轮可分为三类：

（1）圆柱齿轮——用于两轴平行时的传动，如图 6-31（a）所示。

（2）圆锥齿轮——用于两轴相交时的传动，如图 6-31（b）所示。

（3）蜗轮蜗杆——用于两轴交叉时的传动，如图 6-31（c）所示。

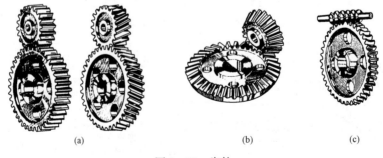

（a）　　　　　　　　　　（b）　　　　　　　　（c）

图 6-31　齿轮

一、圆柱齿轮

圆柱齿轮的轮齿有直齿、斜齿和人字齿三种。本节着重介绍圆柱齿轮的尺寸关系和规定画法。

1. 标准直齿圆柱齿轮各部分的名称和尺寸关系

现以标准直齿圆柱齿轮为例说明齿轮各部分的名称和尺寸关系，如图 6-32 所示。

（1）齿顶圆。通过轮齿顶部的圆称为齿顶圆，其直径以 d_a 表示。

（2）齿根圆。通过轮齿根部的圆称为齿根圆，其直径以 d_f 表示。

（3）分度圆。当标准齿轮的齿厚与齿槽宽相等时所在位置的圆称为分度圆，其直径以 d 表示。

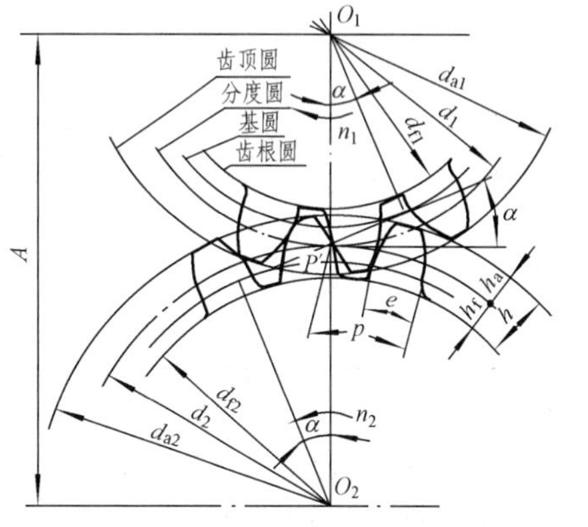

（4）齿高。齿顶圆与齿根圆之间的径向距离称为齿高，以 h 表示。分度圆将轮齿的高度分为两个

图 6-32　两啮合标准圆柱齿轮各部分的名称

不等的部分。齿顶圆与分度圆之间的径向距离称为齿顶高，以 h_a 表示。分度圆与齿根圆之间的径向距离称为齿根高，以 h_f 表示。齿高是齿顶高和齿根高之和，即 $h = h_a + h_f$。

（5）齿距。分度圆上相邻两齿对应点之间的弧长称为齿距，以 p 表示。

（6）分度圆齿厚。轮齿在分度圆上的弧长称为分度圆齿厚，以 e 表示。对标准齿轮来说，分度圆齿厚为齿距的一半，即 $e = \dfrac{p}{2}$。

（7）模数。如果齿轮的齿数为 z，则分度圆周长 $= zp$，而分度圆周长 $= \pi d$，所以

$$\pi d = zp \qquad d = \frac{p}{\pi} z \qquad 令 \qquad \frac{p}{\pi} = m \qquad d = mz$$

m 称为齿轮的模数，单位为 mm。m 的值越大，齿轮的轮齿越大，表示齿轮的承载能力越大。

模数是设计和制造齿轮的基本参数。为设计和制造方便，已将模数标准化。模数的标准数值见表 6-5。

表 6-5　　　　　　　直齿圆柱齿轮模数标准值（GB/T 1357—2008）

第一系列 （优先选用）	1，1.25，1.5，2，2.5，3，4，5，6，8，10，12，16，20，25，32，40，50
第二系列 （可以选用）	1.75，2.25，2.75，（3.25），3.5，（3.75），4.5，5.5，（6.5），7，9，（11），14，18，22，28，36，45

　注　选用模数时应优先选用第一系列，其次选用第二系列，括号内的模数尽可能不用。

（8）压力角。两个相啮合齿轮齿廓在接触点 P 处的公法线（力的传递方向）与两分度圆的公切线的夹角称为压力角，用 α 表示，如图 6-32 所示。我国标准齿轮的压力角为 20°。

只有模数和压力角都相同的齿轮，才能相互啮合。

设计齿轮时，先要确定模数和齿数，其他各部分尺寸都可由模数和齿数计算出来。计算

公式见表 6-6。

表 6-6　　　　　　　　　　标准直齿圆柱齿轮的计算公式

各部分名称	代　号	公　式
分度圆直径	d	$d=mz$
齿顶高	h_a	$h_a=m$
齿根高	h_f	$h_f=1.25m$
齿顶圆直径	d_a	$d_a=m(z+2)$
齿根圆直径	d_f	$d_f=m(z-2.5)$
齿距	p	$p=\pi m$
分度圆齿厚	e	$e=\dfrac{1}{2}\pi m$
中心矩	a	$a=\dfrac{1}{2}(d_1+d_2)=\dfrac{1}{2}m(z_1+z_2)$

注　基本参数：模数 m，齿数 z，压力角 $20°$。

2. 单个圆柱齿轮的规定画法

国家标准对齿轮的画法作了统一的规定。单个圆柱齿轮的画法如图 6-33 所示。

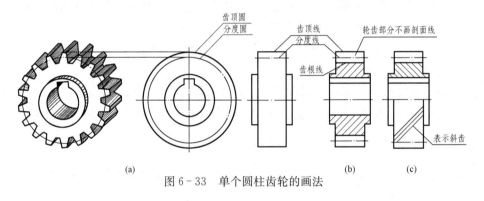

图 6-33　单个圆柱齿轮的画法

（1）在投影为圆的视图（端视图）和非圆外形图中齿顶圆和齿顶线用粗实线表示，齿根圆和齿根线用细实线表示或省略不画，分度圆和分度线用点划线表示，如图 6-33（a）所示。

（2）在剖视图中，当剖切平面通过齿轮的轴线时，轮齿部分一律按不剖处理，齿根线用粗实线表示，如图 6-33（b）所示。

（3）对于斜齿，在非圆外形图上用三条平行的细实线表示轮齿倾斜方向，如图 6-33（c）所示。

（4）齿轮的其他结构，按投影画出。

3. 圆柱齿轮啮合的画法

两标准齿轮相互啮合时，分度圆处于相切的位置，此时分度圆又称节圆。啮合部分的画法规定如下：

（1）在投影为圆的视图（端视图）中，两节圆相切。齿顶圆与齿根圆的画法有两种：

1）啮合区的齿顶圆画粗实线，齿根圆可省略不画。画图时应注意一个齿轮的齿顶圆与另一个齿轮的齿根圆之间有间隙，间隙大小为齿根高与齿顶高之差，如图 6-34（a）所示。

2）啮合区齿顶圆省略不画，此时齿根圆也可省略，如图 6-34（b）所示。

（2）在非圆投影的外形图中，啮合区的齿顶线和齿根线不必画出。节线用粗实线绘制，如图6-34（c）、图6-34（d）所示。

（3）在非圆投影的剖视图中，当剖切平面通过啮合齿轮的轴线时，轮齿一律按不剖绘制。两齿轮节线重合，用点划线表示。齿根线用粗实线表示。齿顶线的画法是将其中一个齿轮的轮齿作为可见，齿顶线画粗实线；另一个齿轮的轮齿被遮住，齿顶线画细虚线，如图6-35所示，虚线也可省略不画。

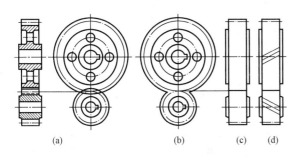

图6-34　圆柱齿轮啮合的画法

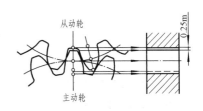

图6-35　齿轮啮合处投影的表示方法

图6-36是齿轮零件图。画齿轮零件图，不仅要表示出齿轮的形状、尺寸和技术要求，而且要表示出制造齿轮所需要的基本参数。

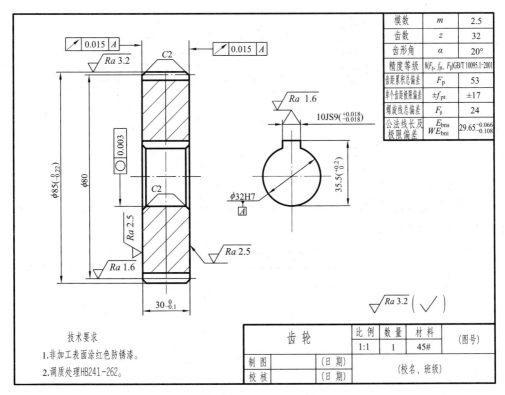

图6-36　齿轮零件图

（4）齿轮和齿条啮合的画法。当齿轮直径无限大时，其齿顶圆、齿根圆、分度圆和齿廓曲线都成了直线，此时齿轮变成齿条。齿轮和齿条相啮合时，齿轮旋转，齿条则作直线运动。齿条的模数和压力角应当与相啮合的齿轮的模数和压力角相同。齿轮与齿条啮合的画法基本与齿轮相同，只是注意齿轮的节圆应与齿条的节线相切，如图 6-37 所示。

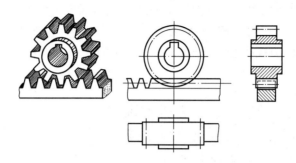

图 6-37　齿轮与齿条啮合的画法

二、圆锥齿轮

圆锥齿轮又称伞齿轮，用来传递两相交轴的运动。

圆锥齿轮的轮齿位于圆锥面上，因此它的轮齿一端大一端小，齿厚由大端到小端逐渐变小，模数和分度圆也随齿厚而变化。为了设计和制造方便，国家标准规定以大端参数作为标准值。圆锥齿轮各部分的名称和符号如图 6-38 所示。

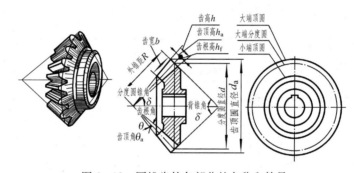

图 6-38　圆锥齿轮各部分的名称和符号

1. 直齿圆锥齿轮各部分的尺寸关系

直齿圆锥齿轮各部分的尺寸也都与模数和齿数有关。轴线相交成 90° 的直齿圆锥齿轮各部分尺寸的计算公式见表 6-7。

表 6-7　　　　　　　　　　　　**直齿圆锥齿轮的尺寸计算公式**

名　　称	符　　号	公　　式
分度圆直径	d	$d = mz$
齿顶高	h_a	$h_a = m$
齿根高	h_f	$h_f = 1.2m$
齿高	h	$h = h_a + h_f = 2.2m$
齿顶圆直径	d_a	$d_a = m\ (z + 2\cos\delta)$
外锥距	R	$R = mz/2\sin\delta$
齿宽	b	$b = (0.2 \sim 0.35)\ R$

　　注　基本参数：大端模数 m，齿数 z，分度圆锥角 δ。

2. 直齿圆锥齿轮的规定画法

圆锥齿轮的规定画法基本上与圆柱齿轮相同。只是由于圆锥的特点，在表达和作图方法上较圆柱齿轮复杂。

（1）单个圆锥齿轮的画法。

单个圆锥齿轮的主视图常画成剖视图，轮齿按不剖绘制。侧视图用粗实线画出齿轮大端和小端齿顶圆，用点划线画出大端分度圆，齿根圆不必画出，单个圆锥齿轮的作图步骤如图 6-39 所示。

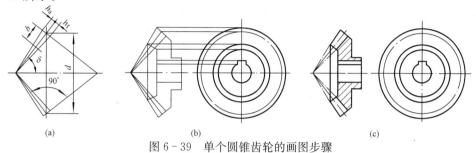

图 6-39　单个圆锥齿轮的画图步骤

（2）圆锥齿轮啮合的画法。

两圆锥齿轮啮合时，两分度圆锥相切，锥顶交于一点。画图时主视图多采用剖视图。在侧视图中只画出外形，一齿轮的大端分度线与另一齿轮的大端分度圆相切，齿根线和齿根圆省略不画。两圆锥齿轮轴线成 90° 时，它们的作图步骤如图 6-40 所示。

受篇幅所限，略去蜗轮蜗杆的画法。

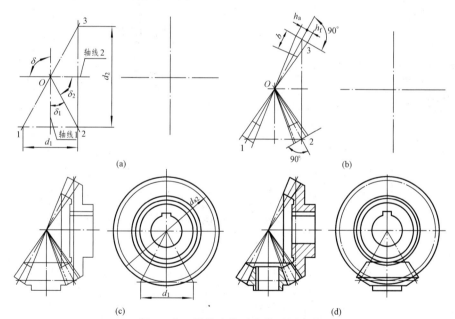

图 6-40　圆锥齿轮啮合的画图步骤

（a）根据两轴线的交角 δ 画出两轴线（这里 $\delta=90°$）；再根据分度圆锥角 δ_1，δ_2 和大端分度圆直径 d_1，d_2 画出两个圆锥的投影；（b）过 1，2，3 点分别作两分度圆锥母线的垂直线，得到两圆锥齿轮的背部轮廓；再根据齿顶高 h_a、齿根高 h_f、齿宽 b 画出两齿轮轮齿的投影。齿顶、齿根各圆锥母线延长后必相交于锥顶点 O；（c）在主视图上画出两齿轮的大致轮廓，再根据主视图画出齿轮的侧视图；（d）画齿轮其余部分投影，描深全图

第五节　弹　　簧

　　弹簧在机器和仪器中起减震、复位、测力、储能和加紧等作用。其特点是外力除去后，能立即恢复原状。弹簧的种类很多，常见的有螺旋弹簧（图6-41）、蜗旋弹簧（图6-42）。根据受力情况，螺旋弹簧又可分为压力弹簧［图6-41（a）］、拉力弹簧［图6-41（b）］和扭力弹簧［图6-41（c）］。圆柱螺旋弹簧为标准件，其中弹簧中径和弹簧直径均已标准化。

图6-41　螺旋弹簧

图6-42　蜗旋弹簧

本节只介绍圆柱螺旋压力弹簧的画法。

　　GB 4459.4—2003规定了弹簧的画法，图6-43为螺旋压力弹簧的画法，图6-45为其具体作图步骤。图6-44（a）为装配图中的弹簧画法，也可用图6-44（b）中的示意画法。

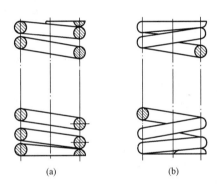

图6-43　螺旋压力弹簧的画法

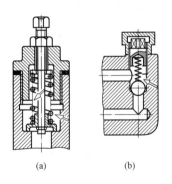

图6-44　装配图中弹簧的画法

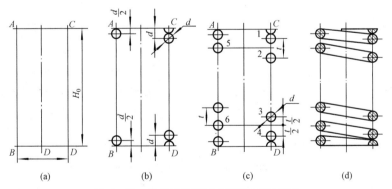

图6-45　圆柱螺旋压力弹簧的画图步骤

　　图6-46为圆柱螺旋压力弹簧的零件图。

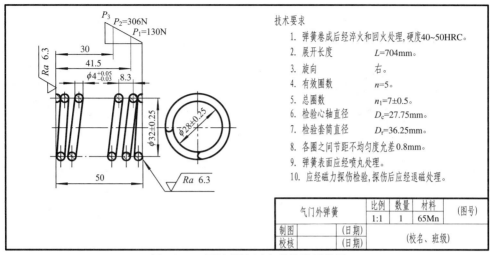

图 6-46 圆柱螺旋压力弹簧的零件图

第六节 滚 动 轴 承

滚动轴承是一种支承旋转轴的组件,由于滚动轴承摩擦阻力小,机械效率高,所以是生产中广泛应用的一种标准件。国家标准 GB/T 4459.7—1998 还规定了滚动轴承的表示法。

一、滚动轴承的结构

滚动轴承的种类很多,但其结构大体相同。一般由外(上)圈、内(下)圈和排列在外(上)、内(下)圈之间的滚动体(钢球、圆柱滚子、圆锥滚子等)及保持架四部分组成。一般情况下,外圈装在机器的孔内,固定不动;内圈套在轴上,随轴转动。

二、滚动轴承的规定画法

由于滚动轴承为标准件,所以一般不需要画零件图。画装配图时,如果需要较详细地表示滚动轴承的主要结构时,可采用规定画法;若只需要简单地表达滚动轴承的主要结构时,可采用特征画法。

画滚动轴承时,先根据轴承代号由国家标准手册查出滚动轴承外径 D、内径 d 及宽度 B 等尺寸,然后按表 6-8 中的图形、比例关系画出。

表 6-8　　　　　　　　　　　　常用滚动轴承画法

轴承名称和代号	立体图	主要数据	规定画法	特征画法
深沟球轴承 GB/T 276—1994 60000 型		D b B		

续表

轴承名称和代号	立体图	主要数据	规定画法	特征画法
单列圆 柱滚子轴承 GB/T 283—2007 N0000 型		D b B		
圆锥滚子轴承 GB/T 297—1994 30000 型		D d B T c		
推力球轴承 GB/T 301—1995 50000 型		D d H		

三、滚动轴承的代号

根据 GB/T 272—1993，滚动轴承代号由前置代号、基本代号和后置代号组成，用字母和数字表示。其排列顺序见表 6-9。

表 6-9　　　　　　　　　　　　　　　　滚动轴承代号

前置代号	基本代号（滚针轴承除外）					后置代号（组）							
	五	四	三	二	一	1	2	3	4	5	6	7	8
		组合代号											
轴承部件代号	类型 代号	尺寸系列代号		内径代号		内部 结构	密封与 防尘套 圈类型	保持架 及材料	轴承 材料	公差 等级	游隙	配置	其他
		宽度 系列	直径 系列										

外形符合标准规定的滚动轴承（不包括滚针轴承），其基本代号由轴承类型代号、尺寸系列代号、内径代号组成，代号常由数字组成，自右向左，各数字表示的含义见表 6-10。

表 6-10 　　　　　　　　　　　　　　滚动轴承基本代号含义

数字位数 （自右至左）	数字表示的意义		代 号 数 字									
			0	1	2	3	4	5	6	7	8	9
第一、 二位数	内 径 代 号		代号数字小于 04 时，00、01、02、03 分别表示轴承内径 $d = 10mm$、12mm、 15mm、17mm；代号数字在 04 以上时，代号数字乘以 5，即得内径尺寸									
第三、 四位数	尺寸 系列 代号	宽（高） 度系列	窄	正常 （正常）	宽 （正常）	特宽	特宽	特宽	特宽	（特低）	特窄	（低）
		直径 系列	特轻	特轻	轻	中	重	特重	—	超特轻	超轻	超轻
第五位数	类型代号		双列角 接触球 轴承	调心球 轴承	调心滚 子轴承	圆锥滚 子轴承	双列 深沟球 轴承	推力球 轴承	深沟球 轴承	角接触 球轴承	推力 圆柱滚 子轴承	—

【例 6-1】 滚动轴承代号为 6206，其意义如下：

内径 $d = 06 \times 5 = 30$
轻系列
窄系列（"0" 规定不写）
深沟球轴承

【例 6-2】 滚动轴承代号为 30310，其意义如下：

内径 $d = 10 \times 5 = 50$
中窄系列
圆锥滚子轴承

第七章 零 件 图

第一节 零件图的作用与内容

表达单个零件结构、大小及技术要求的图样称为零件图。

在生产中,零件的制造和检验都是根据零件图的要求来进行的。例如,要生产图7-1所示的轴,就应根据它在零件图上所表明的材料、尺寸和数量等要求进行备料,根据图样上提供的各部分的形状、大小和质量要求制定出合理的加工方法和检验手段。

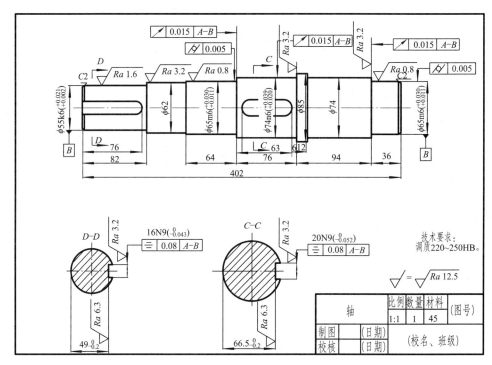

图7-1 轴零件图

一张完整的零件图,应包括以下四部分内容:

1. 一组视图

用必要的视图、剖视图、断面图及其他规定画法,完整、清晰、准确地表达零件的内、外形状和结构。

2. 全部尺寸

正确、完整、清晰、合理地标注出制造、检验及装配时所需要的各种尺寸。

3. 技术要求

用代(符)号、数字和文字注写出制造、检验时应该达到的一些质量要求,主要包括表面粗糙度、尺寸公差、形状和位置公差,材料的热处理及表面处理等要求。

4. 标题栏

用来填写零件的名称、材料、数量、代号、比例及图样的责任者签名等内容。

第二节　零件的视图选择和典型零件的视图表达方法

一、视图选择的一般原则

要正确、完整、清晰地表达零件的全部结构形状，关键在于抓住零件的结构特点，按零件的自然结构，逐一分析，灵活地运用以前章节所介绍的表达方法（视图、剖视图、断面图及其他表达方法）选择所需的视图，然后进行综合、调整即可。一般来说，视图数量应适当，且每个视图都要有表达的重点，相互配合，相互补充，而不重复，并考虑看图方便，绘图简单。

1. 主视图的选择

主视图是表达零件最主要的视图，主视图选择是否合理直接关系到看图、画图是否方便以及其他视图的选择，最终影响整个零件的表达方案。因此，在选择主视图时应考虑以下两个方面：

(1) 安放位置——应符合零件的加工位置或工作位置。

零件图是用来加工制造零件的。为了生产时看图方便，主视图所表达的零件位置，最好和该零件在加工时的位置一致。但是有些零件加工比较复杂，需要在各种不同的机床上加工，而加工时的装夹位置又各不相同，这时主视图就应该按零件在机器中的工作位置画出。

(2) 投射方向——应能清楚地表达零件的形状特征。

主视图是主要视图，最好使人一看主视图，就能大体上了解该零件的基本形状及其特征。

2. 其他视图的选择

一般情况下，仅有一个主视图是不能把零件的形状和结构表达完全的，还需要配合其他视图，把主视图上未表达清楚的形状、结构表达出来。因此，主视图确定后，要分析该零件还有哪些形状结构没有表达完全，再考虑选择适当的其他视图、剖视图、断面图等，通过比较，选择少而精的视图数量及表达方案将该零件表达清楚。

二、几类典型零件的视图选择

在生产中零件的形状是千变万化的，但就其结构特点来分析，大致可分为：轴套类、盘盖类、叉架类和箱壳类等四种类型。下面结合典型例子介绍这几类零件的视图表达方法。

1. 轴、套类零件

(1) 形体及结构分析。轴套类零件是用来支承传动件（如齿轮、皮带轮等）以传递运动和动力的。轴套类零件通常是由若干段直径不同的圆柱体或圆锥体组成（称为阶梯轴），为了连接齿轮、皮带轮等其他零件，在轴上常用键槽、销孔、轴肩、螺纹及退刀槽、中心孔等结构，如图7-1所示。

(2) 主视图的选择。轴套类零件的主要加工工序是在车床上进行的。为了加工时看图方便，主视图应将轴线按水平位置放置，如图7-1所示。

(3) 其他视图的选择。可在主视图的适当部位采用移出断面表示轴上的键槽结构，对轴套类零件上的细部结构还可采用局部放大图，以便确切表达其形状和标注尺寸。

（4）实例分析。图 7-1 所示的轴，各部分均为同轴线的圆柱体，有两处键槽，轴两端有倒角。主视图取轴线水平放置，键槽朝前，以表达其形状，两键槽的深度用移出断面图表示，并在其上标注尺寸和公差等技术要求。

2. 盘、盖类零件

（1）形体及结构分析。盘盖类零件包括各种手轮、皮带轮、法兰盘和端盖等。盘盖类零件的一般结构形状是由在同一轴线上的不同直径的圆柱面（也可能有少量非圆柱面）组成，其厚度相对于直径来说比较小，即呈盘状。在盘盖类零件上常有一些孔、槽、肋和轮辐等结构。

（2）主视图的选择。同轴套类零件一样，盘盖类零件常在车床上加工成形，选择主视图时，多按加工位置将轴线水平放置，并用剖视图表示内部结构及其相对位置。

（3）其他视图的选择。盘盖类零件的外形和各种孔、肋、轮辐等结构的数量及其分布状况，通常选用左视图来补充说明。如果有细小结构，则还需要增加局部放大图。

（4）实例分析。图 7-2 所示的泵盖，主视图采用 A—A 旋转剖表达两支承孔和销孔、安装孔的深度及泵盖的厚度，左视图表达安装孔、销孔的位置及端盖形状。

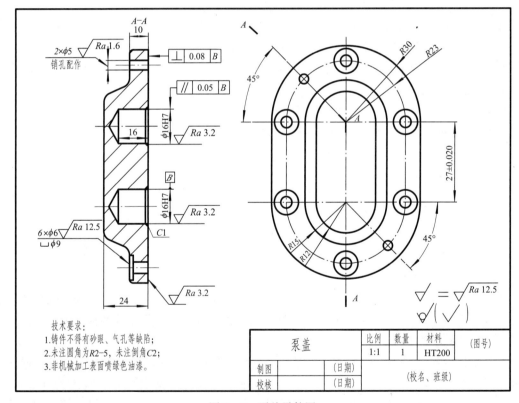

图 7-2　泵盖零件图

3. 叉、架类零件

（1）形体及结构分析。这类零件的结构形状差异很大，许多零件都有歪斜结构，多见于连杆、拨叉、支架、摇杆等，一般起连接、支承、操纵调节作用。

（2）主视图的选择。鉴于这类零件的功用以及对该类零件机械加工过程中位置不大固定，因此选择主视图时，这类零件常按照工作位置放置，并结合考虑其主要结构特征来选择。

（3）其他视图的选择。由于这类零件的形状变化大，因此，视图数量也有较大的伸缩性。它们的倾斜结构常用斜视图或斜剖视图来表示。安装孔、安装板、支承板、肋板等结构常采用局部剖视图、移出断面图或重合断面图来表示。

（4）实例分析。图7-3所示托架由安装底板、弧形竖板及轴承部分组成，竖板与轴承部分用肋板支撑以增加强度。主视图表达了弧形竖板、安装板、轴孔和肋板等结构间的相互位置关系及它们的形状。左视图采用 $A—A$ 全剖视图，主要表达竖板的厚度、竖板上安装孔、轴承孔及肋板等结构。用 B 向局部视图表示安装底板的形状和两个安装孔的位置。用 $C—C$ 移出断面图表示竖板上圆弧形通孔，重合断面图表示肋板的断面形状。

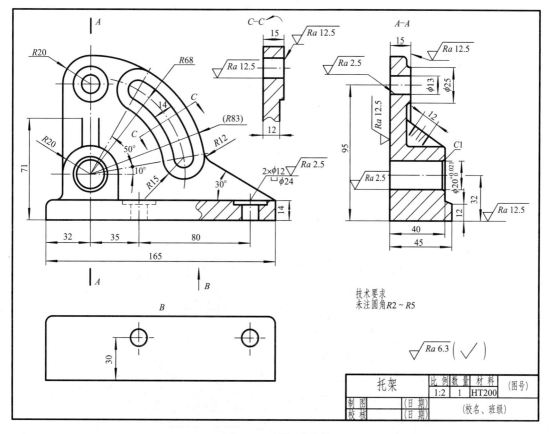

图7-3 托架零件图

4. 箱、壳类零件

（1）形体及结构分析。箱壳类零件一般用来支承和包容其他零件，因此其内、外结构形状都比较复杂，且多为铸件。这类零件常有较大的内腔，箱壁上常有轴承孔、凸台和肋板等结构。为了将箱体安装在机座上，常有安装底板、安装孔、螺孔、凸台、销孔等。

（2）主视图的选择。箱壳类零件加工工序较复杂，主视图一般按工作位置放置，而其投射方向则以能充分显示出零件的形状、结构为选取原则。常采用通过主要轴孔的阶梯剖、旋转剖的全剖视图或局部剖视图来表达内部结构形状；有时也侧重表达零件的外形。

（3）其他视图的选择。对主视图上未表达清楚的零件内部结构和外形，需采用其他基本视图或在基本视图上取剖视来表达；对于局部结构常用局部视图、局部剖视图、斜视图、断面图等来表达。

（4）实例分析。图 7-4 所示为箱壳类零件行程开关外壳的轴测图。从图中可以看出，在行程开关外壳内要安装开关等机构，要有接线的进出孔及按钮孔，以及固定外壳的安装孔和连接上盖的螺纹孔等。主视图按图 7-4（b）中正前方向投射，并取全剖视。这样，该零件的主要结构、内部形状及各处壁厚都能表达清楚，如图 7-5 所示。为了表示外壳形状特征与底板的形状及孔的分布情况，采用了俯视图，并在俯视图中用虚线表示底面凸台形状。为了表示左端的按钮孔、前后接线孔及外壳内部结构，在左视图上采用了局部剖视图。此外，还用 A 和 B 向视图，表达了后面和前面的凸台形状。

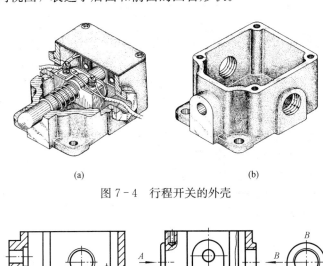

(a)   (b)

图 7-4   行程开关的外壳

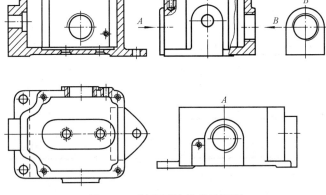

图 7-5   行程开关外壳的视图

在选择视图时，可多作几种方案进行分析、比较，然后选出一种最佳方案。图 7-6 是行程开关外壳视图选择的另一方案，读者可自行分析比较。

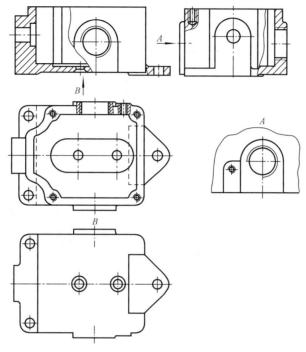

图 7-6　行程开关外壳视图的另一方案

第三节　零件图的尺寸标注

在前面章节里已经阐述过尺寸标注应该遵循正确、完整、清晰的原则，此外，零件图上的尺寸标注还要求具有合理性。所谓合理性就是标注的尺寸既满足零件的设计要求，又符合一定的工艺要求，便于加工和测量。

一、尺寸基准及其选择

1. 设计基准和工艺基准

尺寸基准按其用途不同，分为设计基准和工艺基准。

(1) 设计基准。设计中用来确定零件在机器中的位置及其几何关系的基准称为设计基准。

图 7-7 为轴承座。一根轴通常需要两个轴承支持，因此，两个轴孔应在同一轴线上。所以在标注轴承孔高度方向的定位尺寸时，应以底面 A 为基准，以保证轴承孔到底面的高度。在标注底板上两孔的定位尺寸时，长度方向以底板的对称平面 B 为基准，以保证两孔之间的距离及其对轴孔的对称关系。在确定底板的宽度方向的位置时，以轴承孔后端面 C 为基准，以保证底板与轴承的前后位置关系。

底面 A 和对称面 B 及轴承孔后端面 C 都是满足设计要求的基准，所以是设计基准。

(2) 工艺基准。制造零件时，用来确定零件在加工和测量时使用的基准称为工艺基准。

图 7-7 中，底板上的安装孔 $2 \times \phi 6$ 前后位置尺寸，若以轴承孔后端面 C 为基准标注，就不易测量。应以底板后端面 D 为基准，标注出尺寸 17，这样测量起来就较方便，所以平面 D 是工艺基准。

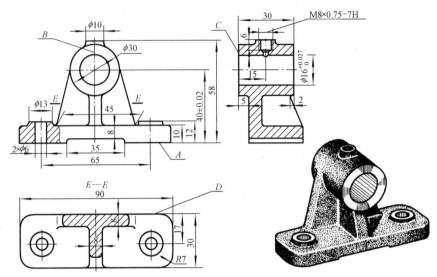

图 7-7　轴承座的尺寸基准

2. 主要基准和辅助基准

当某一方向有若干个基准时，可以选择一个设计基准作为主要基准，其余的尺寸基准是辅助基准。如图 7-7 所示，沿宽度方向上，轴承孔后端面 C 为主要基准，底板后端面 D 为辅助基准。辅助基准和主要基准之间应有一个定位尺寸，如尺寸 5 将基准 C、D 联系起来。

3. 尺寸基准的选择

合理地选择尺寸基准，是标注尺寸时首先要考虑的重要问题。标注尺寸时应尽可能使设计基准和工艺基准重合起来，做到既满足设计要求，又满足工艺要求。如不能兼顾设计和工艺要求，此时必须对零件的各部分结构的尺寸进行分析，明确哪些是主要尺寸，哪些是非主要尺寸；主要尺寸应从设计基准出发标注，以直接反映设计要求，能体现所设计零件在部件中的功能，如图 7-7 所示的尺寸 40 ± 0.02。非主要尺寸应考虑加工测量的方便，以加工顺序为依据，由工艺基准引出，以直接反映工艺要求，如图 7-7 所示的安装孔位置尺寸 17。

二、尺寸的合理标注

1. 结构上的重要尺寸必须从主要基准直接标注

如图 7-8（a）中的尺寸 A 和 B 都是重要尺寸，应直接注出，不能像图 7-8（b）那样将 A 注成 $C+D$，将 B 注成 $L-2E$。

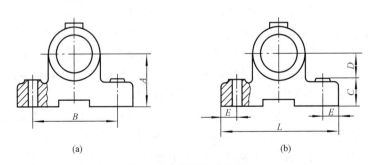

(a)　　　　　　　　　　　　　　(b)

图 7-8　重要尺寸注法

2. 避免出现封闭尺寸链

图7-9中尺寸 A、C、D 和尺寸 L、E、B、E 都是封闭尺寸链，它们首尾衔接，每一尺寸的精度都受其他尺寸的影响，精度难以保证。为避免出现封闭尺寸链，可以在尺寸链中取消一个不重要的尺寸，使尺寸链留有开口。例如取消尺寸 D，使 A 和 C 的误差积累在 D 上；在另一组尺寸中取消 E，使 L 和 B 的误差积累在 E 上，如图7-10所示。

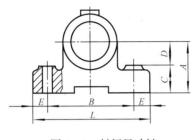
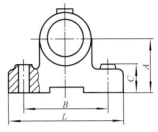

图 7-9　封闭尺寸链　　　　　　　　图 7-10　开口尺寸链

3. 标注的尺寸方便加工与测量

在满足零件设计要求的前提下，标注尺寸要尽量符合零件的加工顺序和方便测量。采用不同加工方法的尺寸、加工尺寸与不加工尺寸、零件的内部尺寸与外部尺寸都应分类集中标注。如图7-11所示，加工要求不同，尺寸注法也应有所不同。如图7-12（a）中所注尺寸不便于测量，而图7-12（b）中所注尺寸则便于测量。

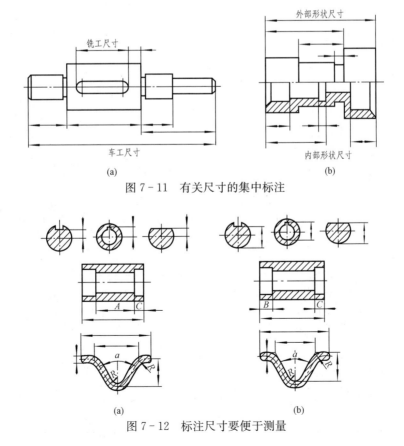

(a)　　　　　　　　　　　　　　　(b)

图 7-11　有关尺寸的集中标注

(a)　　　　　　　　　　　　　　　(b)

图 7-12　标注尺寸要便于测量

三、零件上常见结构的尺寸注法

零件上的键槽、退刀槽、锥销孔、螺孔、倒角、销孔、中心孔、滚花等结构，其尺寸注法见表 7-1。

表 7-1   **常见结构要素的尺寸注法及简化注法**（GB/T 16675.2—1996）

零件结构类型		标注方法	简化注法		说明
螺孔	通孔	$3\times M6-6H$	$3\times M6-6H$	$3\times M6-6H$	$3\times M6$ 表示直径为 6，有规律分布的 3 个螺孔。可以旁注，也可直接注出
	不通孔	$3\times M6-6H$	$3\times M6-6H\downarrow 10$	$3\times M6-6H\downarrow 10$	螺孔深度可与螺孔直径连注，也可分开注出
		$3\times M6-6H$	$3\times M6-6H\downarrow 10$ 孔$\downarrow 12$	$3\times M6-6H\downarrow 10$ 孔$\downarrow 12$	需要注出孔深时，应明确标注孔深尺寸
光孔	一般孔	$4\times\phi 5$	$4\times\phi 5\downarrow 10$	$4\times\phi 5\downarrow 10$	$4\times\phi 5$ 表示直径为 5，有规律分布的 4 个光孔。孔深可与孔径连注；也可分开注出
	精加工孔	$4\times\phi 5^{+0.012}_{0}$	$4\times\phi 5\downarrow 10^{+0.012}_{0}$ 钻孔$\downarrow 12$	$4\times\phi 5\downarrow 10^{+0.012}_{0}$ 钻孔$\downarrow 12$	光孔深为 12，钻孔后需精加工至 $5^{+0.012}_{0}$，深度为 10
	锥销孔	锥销孔$\phi 5$ 配作		锥销孔$\phi 5$ 配作	$\phi 5$ 为与锥销孔相配的圆锥销小头直径。锥销孔通常是相邻两零件装配后一起加工的
沉孔	锥形沉孔	$90°$ $\phi 13$ $6\times\phi 7$	$6\times\phi 7$ $\vee\phi 13\times 90°$	$6\times\phi 7$ $\vee\phi 13\times 90°$	$6\times\phi 7$ 表示直径为 7、有规律分布的 6 个孔。锥形部分尺寸可以旁注；也可直接注出
	柱形沉孔	$\phi 10$ 3.5 $4\times\phi 6$	$4\times\phi 6$ $\sqcup\phi 10\downarrow 3.5$	$4\times\phi 6$ $\sqcup\phi 10\downarrow 3.5$	$4\times\phi 6$ 的意义同上。柱形沉孔的直径为 10，深度为 3.5，均需注出

续表

零件结构类型		标 注 方 法	简 化 注 法	说 明
沉孔	锪平面	$\llcorner\lrcorner\phi16$ 4×ϕ7	4×ϕ7 $\llcorner\lrcorner\phi16$　4×ϕ7 $\llcorner\lrcorner\phi16$	锪平面ϕ16 的深度不需标注,一般锪平到不出现毛面为止
平键键槽 GB/T 1095 —2003		L A A A—A $D-t$ b	b D $D+t_1$	标注 $D-t$ 便于测量
半圆键键槽 GB/T 1098 —2003		ϕ A—A b $D-t$	b D $D+t_1$	标注直径,便于选择铣刀,标注 $D-t$ 便于测量
锥轴、锥孔 GB/T 15754 —1995		D d L	d D L	当锥度要求不高时,这样标注便于制造木模
		1:5 D L	1:5 D L	当锥度要求准确并为保证一端直径尺寸时的标注形式
退刀槽及砂轮越程槽 GB/T 3—2008　GB/T 6403.5—2008		$\frac{I}{2:1}$ 45° R0.5 45° $a\times b$ $b\times a$	D b	为便于选择割槽刀,退刀槽宽度应直接注出。直径 D 可直接注出;也可注出切入深度 a
倒角 GB/T 6403.4—2008		CL CL CL L 30°		倒角为 45°时,在倒角的轴向尺寸 L 前面加注符号"C";倒角不是 45°时,要分开标注

续表

零件结构类型	标注方法	简化注法	说　明
滚花 GB/T 6403.3—2008	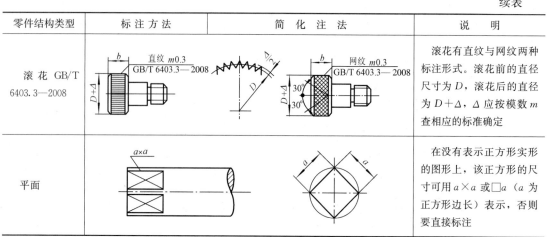		滚花有直纹与网纹两种标注形式。滚花前的直径尺寸为 D，滚花后的直径为 $D+\Delta$，Δ 应按模数 m 查相应的标准确定
平面			在没有表示正方形实形的图形上，该正方形的尺寸可用 $a\times a$ 或 □a（a 为正方形边长）表示，否则要直接标注

第四节　零件图的技术要求

机械图样上的技术要求主要包括：表面粗糙度、极限与配合、几何公差、热处理以及其他有关制造的要求。上述要求应按照国家标准规定的代（符）号或用文字正确地注写。

一、表面粗糙度（GB/T 131—2006）

1. 表面粗糙度的概念

零件表面在加工过程中，由于机床和刀具的振动、材料的不均匀等因素，加工的表面总留下加工的痕迹，零件加工表面上所具有的较小间距和峰谷组成的微观几何形状特性称为表面粗糙度，如图 7-13 所示。表面粗糙度对零件的耐磨性、抗腐蚀性、密封性、抗疲劳的能力都有影响。表面粗糙度是评定零件表面质量的重要指标，它可由轮廓算术平均偏差 Ra 描述，其值越小，零件表面质量越高，但加工成本也越高，因此要合理地选用。

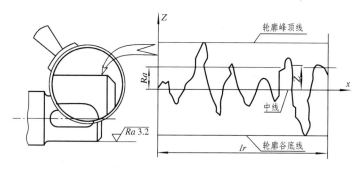

图 7-13　轮廓算术平均偏差

轮廓算术平均偏差 Ra 是指在取样长度内，沿测量方向（Z 方向）的轮廓线上的点与基准线之间距离绝对值的算术平均值，见下式所示。

$$Ra = \frac{1}{lr}\int_0^{lr} |\,Z(x)\,|\,\mathrm{d}x \qquad (7-1)$$

式中　Z——轮廓线上的点到基准线（中线）之间的距离；

　　　lr——取样长度，见图 7-13。

表 7-2 中列出了优先采用的第一系列 Ra 的数值及相应的加工方法。

表 7 - 2   **不同加工方法可能达到的表面粗糙度**

加工方法	Ra 的数值（第一系列）（μm）													
	0.012	0.025	0.05	0.10	0.20	0.40	0.80	1.60	3.2	6.3	12.5	25	50	100
砂模铸造														
金属型铸造														
压力铸造														
热轧														
冷轧														
刨削														
钻孔														
镗孔														
铰孔														
滚铣														
端铣														
车外圆														
车端圆														
磨外圆														
磨平面														
研磨														
抛光														

2. 表面粗糙度符号的画法

表面粗糙度符号的画法如图 7 - 14 所示。意义及说明见表 7 - 3。

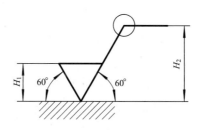

图 7 - 14   符号的画法

$H_1 = 1.4h$，$h_2 > 2.8h$（取决于标注内容），h 为零件图中字体的高度，符号与字母线宽 $d' = 0.1h$。

表 7 - 3   **表面粗糙度符号**

符号	意义及说明
√	基本图形符号，表示表面可用任何方法获得。当不加粗糙度参数值或有关说明（例如：表面处理、局部热处理状况等）时，仅适用于简化代号标注
√	扩展图形符号，在基本图形符号加一短划，表示表面是用去除材料的方法获得。如车、铣、磨等机械加工

符号	意义及说明
	扩展图形符号，在基本图形符号加一小圆，表示表面是用不去除材料的方法获得。如铸、锻、冲压变形等，或者是用于保持原供应状况的表面
	完整图形符号，在上述三个符号的长边上均可加一横线，以便注写对表面结构特征的补充信息

3. 极限值判别规则

加工完后的零件按检验规范测得轮廓参数值后，需与图样上给定的极限值比较，以判断其是否合格。极限判断规则有以下两种：

（1）16％规则。当被检表面测得的全部参数值中，超过极限值的个数不多于总个数的16％时，该表面合格（默认规则，如 $Ra0.8$）。

（2）最大规则。被检的整个表面上测得的参数值一个也不应超过给定的极限值（参数代号后注写"max"字样，如 Ra max 0.8）。

4. 表面粗糙度高度参数值的注写

表面粗糙度高度参数 Ra 的标注及含义见表7.4。Ra 的单位为 μm。

表 7 - 4　　　　　　　　　　　　　表面粗糙度高度参数的注写

代号	含义
$Ra0.8$	用去除材料获得的表面，单向上限值，算术平均偏差 $0.8\mu m$，"16％规则"（默认）。评定长度为5个取样长度（默认）
$U\ Ra3.2$ $L\ Ra0.8$	表示不去除材料获得的表面，双向极限值，上极限值在上方用 U 表示，算术平均偏差 $3.2\mu m$；下极限值在下方用 L 表示，算术平均偏差 $0.8\mu m$，"16％规则"（默认）。评定长度为5个取样长度（默认）

5. 图样上的标注示例

根据国家标准 GB/T 131—2006 规定，表面粗糙度在图样上的标注方法见表7-5。

表 7 - 5　　　　　　　　　　　　　表面粗糙度在图样中的标注方法

标注方法	图例
1. 表面粗糙度代号只能水平朝上或垂直朝左。 2. 表面粗糙度的注写和读取方向与尺寸的注写和读取方向一致。 3. 表面粗糙度要求可标注在轮廓线上，也可标注在轮廓的延长线上，其符号应从材料外指向并接触表面。必要时，也可用带箭头或黑点的指引线引出标注。	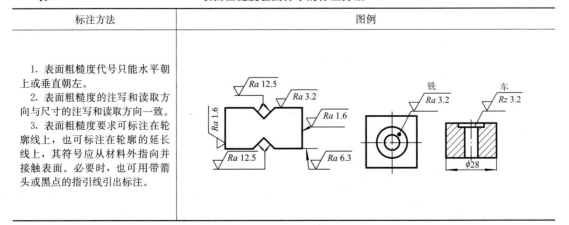

续表

标注方法	图例
4. 在不致引起误解时，表面粗糙度要求可以标注在给定的尺寸线上。 5. 表面粗糙度要求可标注在形位公差框格的上方	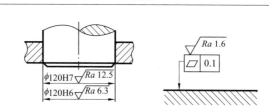
6. 如果在工件的多数（包括全部）表面有相同的表面粗糙度要求时，可统一标注在图样的标题栏附近。 注法有两种： （1）在圆括号内给出无任何其他标注的基本符号。 （2）在圆括号内给出不同的表面粗糙度要求	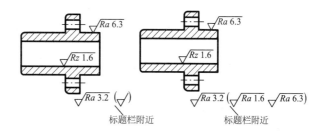
7. 当多个表面有共同要求，注法有两种： （1）可用带字母的完整符号，以等式的形式，在图形或标题栏附近，对有相同表面粗糙度要求的表面进行简化标注。 （2）用表面粗糙度符号，以等式的形式给出对多个表面共同的表面粗糙度要求	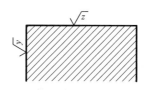
8. 两种或多种工艺获得的同一表面的注法，需要明确每种工艺方法的表面粗糙度要求	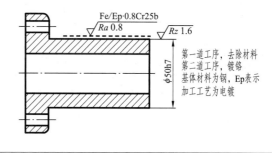
9. 圆柱和棱柱表面的表面粗糙度要求只标注一次；如果每个棱柱表面有不同的表面要求，则应分别单独标注	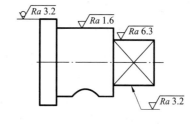

标注方法	图例
10. 齿轮、渐开线花键、螺纹等的工作表面没画出齿形、牙型时，其表面粗糙度代号标注在点画线、尺寸线上	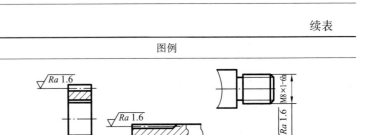

二、极限与配合的基本概念与标注

加工一批零件时，必须保证同种零件的尺寸、几何形状、表面质量等基本上一致，使它们在装配时不经选择、任意调换都能达到预期的配合性能。这种零件就具有互换性。零件具有互换性可以简化装配维修工作，提高生产率，降低成本，保证批量生产的产品质量的稳定性。这就要求将零件尺寸的误差控制在一个允许的范围之内。这就是极限与配合所要研究的问题。本课程中仅介绍极限与配合最基本的概念和标注方法。

1. 基本概念

（1）公称尺寸：指由图样规范确定的理想形状要素的尺寸。

（2）实际尺寸：通过测量得到的尺寸。

（3）极限尺寸：允许尺寸变动的两个界限值（上极限尺寸、下极限尺寸）。

（4）极限偏差：上极限偏差或下极限偏差。

$$上极限偏差＝上极限尺寸－公称尺寸$$

$$下极限偏差＝下极限尺寸－公称尺寸$$

$$孔的上、下极限偏差代号分别用 ES、EI 表示；$$

$$轴的上、下极限偏差代号分别用 es、ei 表示。$$

（5）尺寸公差：在零件设计与加工过程中，允许零件尺寸的变动量称为公差。

$$尺寸公差＝上极限尺寸－下极限尺寸＝上极限偏差－下极限偏差$$

（6）零线：表示公称尺寸的一条水平直线。

（7）尺寸公差带（简称公差带）：在公差带图中，由代表上极限偏差和下极限偏差的两平行直线所限定的区域，如图 7-15 所示。

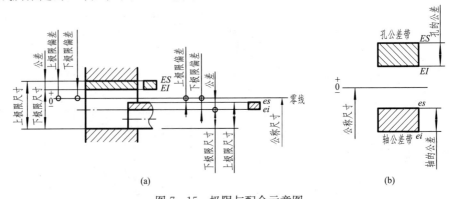

图 7-15　极限与配合示意图

（a）极限偏差、公差、极限尺寸；（b）孔、轴尺寸公差带

（8）配合：配合是指零件的公称尺寸相同、相互结合的孔和轴的一种松紧程度的关系。配合分为三种类型：间隙配合，过盈配合，过渡配合。

1）间隙配合。孔的尺寸减去相配合轴的尺寸，其代数差是正值。孔的公差带在轴的公差带之上，如图 7-16 所示。

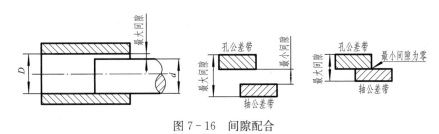

图 7-16　间隙配合

2）过盈配合。孔的尺寸减去相配合轴的尺寸，其代数差是负值为过盈。轴的公差带在孔的公差带之上，如图 7-17 所示。

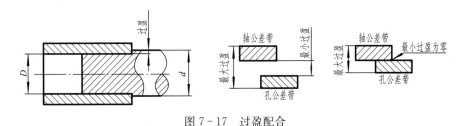

图 7-17　过盈配合

3）过渡配合。可能具有间隙或过盈的配合。孔轴的公差带有重叠，如图 7-18 所示。

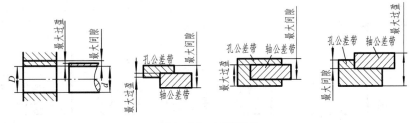

图 7-18　过渡配合

（9）标准公差与基本偏差。国家标准 GB/T 1800.2—2009 中规定，公差带由标准公差和基本偏差组成。

标准公差。确定公差带的大小。

标准公差顺序分为 20 个等级，即 IT01、IT0、IT1、…、IT18，数字表示公差等级，IT01 等级最高，IT18 等级最低。

基本偏差。基本偏差确定公差带的位置，一般指靠近零线的那个偏差。

国标规定孔、轴分别有 28 个基本偏差，大写字母表示孔，小写字母表示轴，如图 7-19 所示。

在基本偏差系列中，A～H（a～h）的基本偏差用于间隙配合；J～N（j～n）的基本偏差用于过渡配合；P～ZC（p～zc）的基本偏差用于过盈配合。

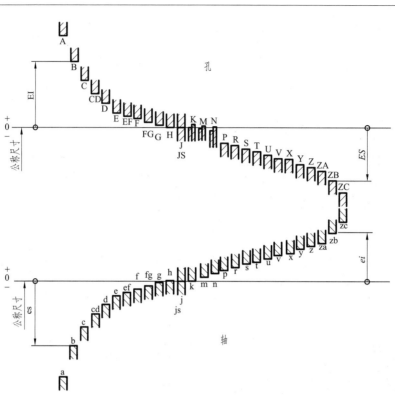

图 7-19　孔和轴的基本偏差系列

（10）配合制。为了便于选择配合，减少零件加工专用刀具、量具的数量和规格，国标对配合规定了两种基准制。

1）基孔制。基本偏差为一定的孔的公差带与不同基本偏差轴的公差带形成各种配合的一种制度，其基本偏差代号为"H"，如图 7-20 所示。

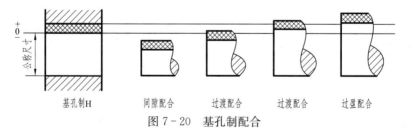

基孔制H　　　间隙配合　　　过渡配合　　　过渡配合　　　过盈配合

图 7-20　基孔制配合

2）基轴制。基本偏差为一定的轴的公差带与不同基本偏差孔的公差带形成各种配合的一种制度，其基本偏差代号为"h"，如图 7-21 所示。

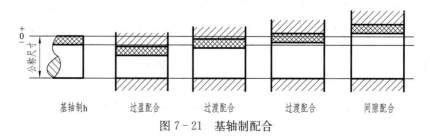

基轴制h　　　过盈配合　　　过渡配合　　　过渡配合　　　间隙配合

图 7-21　基轴制配合

2. 尺寸公差与配合代号的标注

对有极限与配合要求的尺寸，在公称尺寸后应注写公差带代号或极限偏差值。

零件图上可注公差带代号或极限偏差值，亦可两者都注，例如：

孔：$\phi 40H7$ 或 $\phi 40^{+0.025}_{0}$ 或 $\phi 40H7$ $\left(^{+0.025}_{0}\right)$。

轴：$\phi 40g6$ 或 $\phi 40^{-0.009}_{-0.025}$ 或 $\phi 40g6$ $\left(^{-0.009}_{-0.025}\right)$。

装配图上一般标注配合代号，例如：

孔和轴装配后：$\phi 40H7/g6$ 或 $\phi 40 \dfrac{H7}{g6}$。

表 7-6 列举了图样上标注极限与配合的实例。标注极限偏差时，偏差数值比公称尺寸数字的字号要小一号，偏差数值前必须注出正负号（偏差为零时例外）。上、下极限偏差的小数点必须对齐，小数点后的位数也必须相同，如 $\phi 60^{+0.010}_{-0.029}$，$\phi 60^{+0.03}_{-0.06}$。若上、下极限偏差的数值相同而符号相反时，则在公称尺寸后加注"±"号，再填写一个数值，其数字大小与公称尺寸数字的大小相同，如图 7-14 所示。

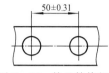

图 7-22　偏差数值相同时的标注示例

表 7-6　　　　　　　　　　　　　　公差与配合标注示例

	装　配　图		零　件　图	
基孔制	$\phi 40 \dfrac{H7}{g6}$　$\phi 40 \dfrac{H7}{g6}$	基准孔	$\phi 40H7$　$\phi 40^{+0.025}_{0}$	
		轴	$\phi 40g6$　$\phi 40^{-0.009}_{-0.025}$	
基轴制	$\phi 40 \dfrac{K7}{h6}$　$\phi 40 \dfrac{K7}{h6}$	基准轴	$\phi 40h6$　$\phi 40^{0}_{-0.016}$	
		孔	$\phi 40K7$　$\phi 40^{+0.007}_{-0.015}$	

在装配图上一般标注配合代号，以上两种形式在图上均可标注。例如 $\phi 40 \dfrac{H7}{g6}$ 表示孔为公差等级代号 7 的基准孔，轴的公差等级代号为 6，基本偏差代号为 g；$\phi 40 \dfrac{K7}{h6}$ 表示轴为公差等级代号 6 的基准轴，孔的公差等级代号为 7，基本偏差代号为 K	零件图上一般标注偏差数值或标注公差带代号，也可在公差带代号后用括号加注偏差值。填写偏差数值时，上极限偏差应注在公称尺寸的右上方，下极限偏差应注在公称尺寸的右下方，下极限偏差应与公称尺寸注在同一基线上。若上极限偏差或下极限偏差等于零时，用数字"0"标出，并与另一上极限偏差或下极限偏差的小数点前的个位数对齐，如 $\phi 40^{+0.025}_{0}$

三、几何公差

零件加工时不但尺寸有误差，几何形状和相对位置也会有误差，图 7-23（a）、

（b）所示为生产过程中形成的零件几何形状误差，图 7 - 23 （c）、（d）所示为零件相对位置误差。这些误差有时会影响零件的互换性，会直接影响机器的工作精度和寿命。因此，机器中某些精度要求较高的零件，不仅需要保证尺寸公差，还要保证其几何公差。

几何公差是指零件的实际形状和实际位置对理想形状和理想位置的允许变动量。

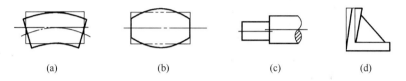

（a）　　　　　　（b）　　　　　　（c）　　　　　　（d）

图 7 - 23　形状、位置误差

GB/T 1182—2008 对几何公差的项目、符号、代号、术语和定义、公差值标注方法都作了规定，见表 7 - 7、表 7 - 8。图 7 - 24 所示为零件图上标注形位公差的示例。

表 7 - 7　　　　　　　　　几何公差的分类与符号（摘自 GB/T 1182—2008）

类　　别	名　　称	符　　号	类　　别	名　　称	符　　号
形状公差	直线度	—	方向公差	平行度	//
	平面度	▱		垂直度	⊥
				倾斜度	∠
	圆度	○	位置公差	同轴度（同心度）	◎
	圆柱度	⌀		对称度	⩵
				位置度	⊕
形状公差、方向公差或位置公差	线轮廓度	⌒	跳动公差	圆跳动	↗
	面轮廓度	⌓		全跳动	⌰

表 7 - 8　　　　　　　　　　　　　　几何公差注法

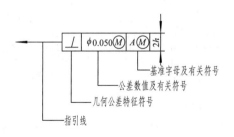

框格中的数字与图中的数字同高。几何公差标注时，用带箭头的指引线将框格与被测要素相连，箭头指向公差带方向或直径。当被测要素为轮廓线或表面时，指引线箭头应指在该要素的轮廓线或其延长线上，且必须与尺寸线错开；当被测要素为轴线、球心或中心平面时，指引线箭头应与该要素的尺寸线对齐

续表

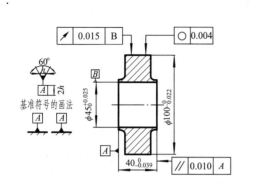

基准是确定被测要素方向或位置的依据。与被测要素相关的基准用一个大写字母表示。字母标注在基准方框内，与一个涂黑的或空白的三角形相连以表示基准。无论基准代号在图样上的方向如何，方框内的字母均应水平书写。

当基准要素为轮廓线或表面时，基准三角形要放置在该轮廓线或其延长线上，与尺寸线明显错开；当基准要素为轴线、球心或中心平面时，基准三角形要放置在该尺寸线的延长线上。如果尺寸线处安排不下两个尺寸箭头，则其中一个箭头可用基准三角形代替

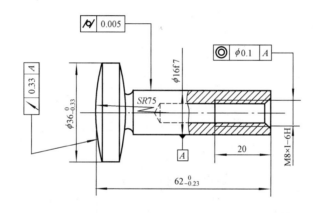

图 7-24　几何公差标注示例

第五节　零 件 测 绘

零件测绘是对现有的零件实物进行观察分析、测量、绘制零件草图、制定技术要求，最后完成零件图的过程。在仿造和修配机器部件及进行技术改造时，常常要进行零件测绘，它是工程技术人员必备的技能之一。

一、绘制零件草图的方法和步骤

零件草图通常是以简单绘图工具，目测比例，徒手绘制。草图是绘制零件图的依据，因此，零件草图应该做到：内容完整，表达正确，尺寸齐全，要求合理，图线清晰和比例匀称等。

1. 绘制零件草图的基本方法

（1）直线的画法。徒手画直线力求匀称挺直，一笔画成。其要点是：目视终点，小手指轻靠纸面，笔向画线方向倾斜，如图 7-25 所示。

（2）圆弧的画法。徒手画圆的方法如图 7-26 所示。

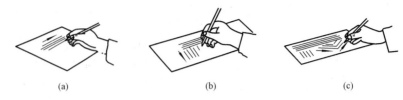

(a)　　　　　　　　(b)　　　　　　　　(c)

图 7-25　徒手画直线的方法

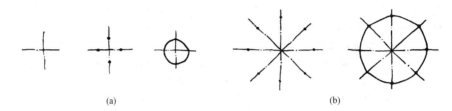

(a)　　　　　　　　　　　　(b)

图 7-26　徒手画圆的方法

（3）角度的画法。徒手画特殊角的方法如图 7-27 所示。

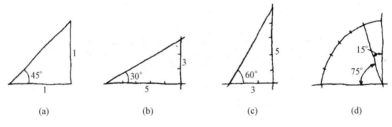

(a)　　　　　　(b)　　　　　　(c)　　　　　　(d)

图 7-27　徒手画特殊角的方法

2. 绘制零件草图的步骤

（1）在分析研究被测零件的基础上，确定视图表达方案，选定作图比例和图幅。

（2）布置图面，画出各个视图的作图基准线，如图 7-28（a）所示。

（3）画出各基本视图的外形轮廓线及其他辅助视图，如图 7-28（b）所示。

（4）为表达内部结构采用剖视图、断面图，并画出剖面符号及全部细节。

（5）画出全部尺寸界线、尺寸线及箭头，如图 7-28（c）所示。

（6）测量、标注尺寸数字，并确定技术要求等。

（7）检查无误后，加深图线并填写标题栏，完成草图，如图 7-28（d）所示。

二、绘制零件工作图的步骤

1. 检查审核零件草图

检查零件草图的表达方案是否正确、完整、清晰，尺寸标注是否正确、齐全、清晰、合理，技术要求规定是否恰当。必要时参考有关资料，查阅标准，进行认真计算和分析，进一步完善零件草图。

2. 绘制零件工作图

（1）根据零件的表达方案，确定图样的比例和图幅。

（2）用绘图工具和仪器绘制图样底稿。

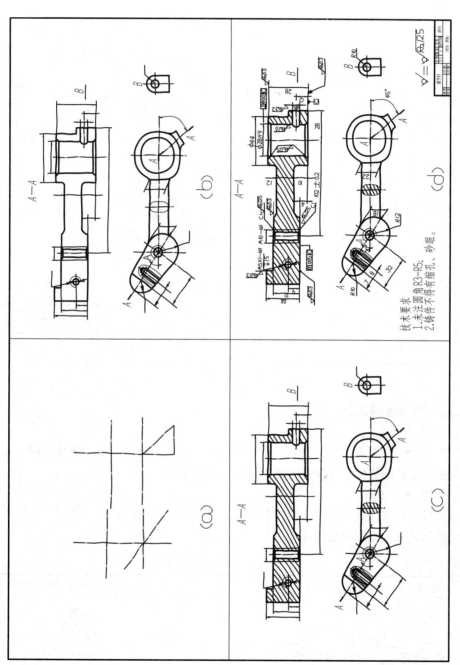

技术要求
1.未注圆角R3~R5;
2.铸件不得有缩孔、砂眼。

图7－28　绘制零件草图的步骤

（3）检查底稿，标注尺寸，确定技术要求，清理图面，加深图线。

（4）填写标题栏，完成零件工作图，如图7-29所示。

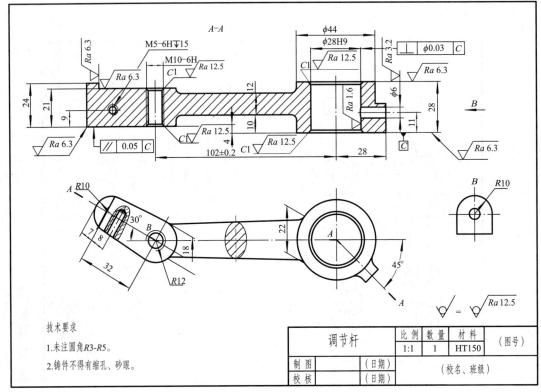

图7-29　调节杆零件工作图

三、常用的测量工具及测量方法

1. 常用测量工具

常用测量工具有钢直尺、内外卡钳及游标卡尺、千分尺等，专用量具有螺纹规、圆角规等，应根据零件的结构形状及精度要求来选定测量工具。

2. 常用测量方法

测量尺寸是零件测绘过程中的重要步骤，并应集中进行，这样既可提高工作效率，又可避免错误和遗漏。常用测量方法见表7-9。

表7-9　　　　　　　　　　　　**常用测量工具的使用方法**

钢直尺和内卡钳配合使用测量中心高	钢直尺和外卡钳配合使用测量壁厚

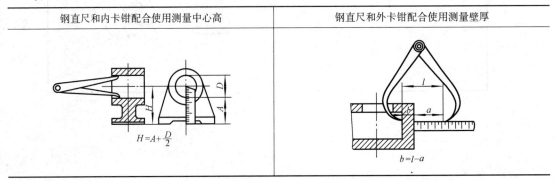

内、外卡钳分别使用测量孔径和厚度	钢直尺与三角板配合使用测量曲线、曲面尺寸
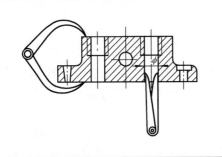	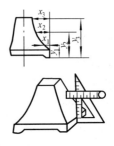

游标卡尺测量孔径、孔深及中心距、厚度等尺寸

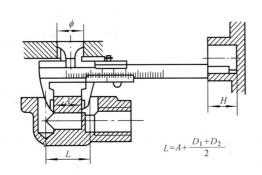

$$L = A + \frac{D_1 + D_2}{2}$$

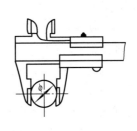

圆角规测量圆角半径	螺纹规测量螺距	用零件直接拓印法测量半径等尺寸

四、零件测绘应注意的问题

1. 零件上的缺陷

测绘时，对零件上因制造过程中产生的缺陷，如铸件的砂眼、气孔、浇口以及加工刀痕等，都不应画在草图上。

2. 零件上的工艺结构

零件因制造、装配的需要而制成的工艺结构，如铸造圆角、倒角、退刀槽、凸台和凹坑等，都必须清晰地画在草图上，不能省略或忽略。

3. 尺寸的测定

(1) 有配合关系的尺寸，一般只测出它的基本尺寸（如配合的孔和轴的直径尺寸），其配合的性质和公差等级，应根据分析后，查阅有关资料确定。

(2) 没有配合关系的尺寸或一般尺寸，允许将所得的带小数的尺寸，适当取成整数。

总之，零件的测绘是一项极其复杂而细致的工作，掌握零件测绘技能是很必要的。

第六节　零件图的识读

识读零件图的目的是通过图样的表达内容想象出零件的形状结构，理解每个尺寸的作用和要求，了解各项技术要求的内容和实现这些要求应该采取的工艺措施等，以便加工出符合图样要求的合格零件。下面以图 7－30 为例，说明识读零件图的一般方法和步骤。

一、概括了解零件

首先应从标题栏入手读图。从标题栏中的名称、比例、材料等，可以分析零件的大概作用、类型、大小、材质等情况。如图 7－30 中标题栏的名称是蜗轮减速器箱体，材料为HT250，比例为 1∶1。由此可见，它是支承蜗轮、蜗杆的箱体零件，是用灰铸铁铸造且经过机械加工而成的，大小与图形一样大。

除了看标题栏以外，还应尽可能参看装配图及相关的零件图，进一步了解零件的功能以及它与其他零件的关系。

二、分析视图剖析结构

分析视图时首先应确定主视图，并弄清主视图与其他视图的投影关系，明确各视图采用的表达方法，从而明确各视图所表达零件的结构特点。分析视图还必须采用由大到小，从粗到细的形体分析方法。首先明确零件的主体结构，然后进行各部分的细致分析，深入了解和全面掌握零件各部分的结构形状，想象出视图所反映的零件形状。

如图 7－30 所示蜗轮减速器箱体的零件图中，其主视图反映箱体的工作位置，采用全剖视的表达方法，主要表达箱体的内部结构和蜗轮、蜗杆支承孔之间的相对位置；而左视图采用半剖视的表达方法，结合这两个主要的基本视图，可以将该箱体分成三部分：一是上部为内腔 $\phi190$ 和 $\phi70$、外形为直径 $\phi230$ 和 $\phi120$ 的两阶梯圆柱体，此腔体包容蜗轮，右端$\phi70H7$ 孔为支承蜗轮轴的轴承部位；二是中部为内腔 $\phi110$、外形为半径 $R70$ 的圆柱体，其轴线与上部轴线交叉垂直，此腔体包容蜗杆，两端 $\phi90H7$ 孔为支承蜗杆轴的轴承部位；三是下部为矩形平板，是蜗轮减速器的安装结构。经过这样的分析，就大致明确了箱体的主要结构，对于其他结构还需要进一步分析。例如：主视图顶部螺孔 M20 是加油孔，是为了注入润滑、冷却油而设计的；而左视图下部接近底板的螺孔是放油孔，是为了更换润滑、冷却油而设计的；由 C 向视图结合主、左视图，可以看出底板的凹坑结构和安装孔的大小和位置；而 B 向视图表达了上部圆柱后凸台和底板之间的支承肋板的位置和厚度以及拔模斜度；D 向视图反映上部圆柱体、中间圆柱体、底板和起加强支承作用的肋板之间的位置关系，并说明蜗杆支承圆柱体端面上钻有 3 个均布的螺孔，而底板侧面有 R71 的圆弧槽，这是为满足与端盖装配时的需要设计的。通过以上分析，可以了解到蜗轮减速器箱体的各部分结构特点。

三、尺寸分析

尺寸是零件图的灵魂，看图时结合零件的尺寸，可以加快看图的速度，例如"ϕ"不论标注在圆还是非圆视图上都可以确定是圆形结构。下面以图 7－30 为例，说明看图时分析零件尺寸的作用。

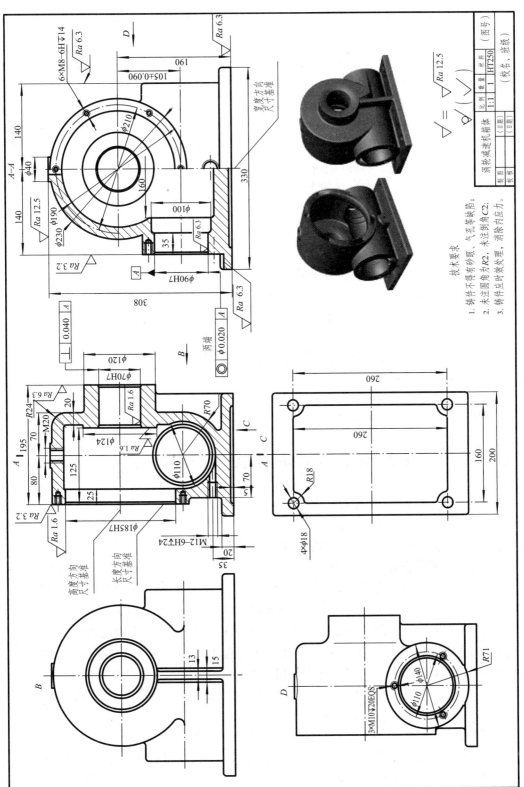

图 7 - 30　蜗轮减速器箱体零件图

1．尺寸基准分析

由主视图可知，箱体的左端面是长度方向的主要尺寸基准；而从左视图可知，宽度方向的主要尺寸基准是零件的前后对称平面，结合左视图半剖的表达方法，可知箱体前后均有 ϕ90H7 的支承孔，且是通孔；结合主、左视图可知，高度方向的主要尺寸基准是箱体蜗轮轴孔的轴线，而箱体的底面是辅助基准。

2．分析主要尺寸和非主要尺寸

为了保证蜗轮蜗杆准确地啮合和传动，主要尺寸有：上、下轴孔中心距 105 ± 0.090，上轴孔中心高 190 以及支承孔 ϕ70H7、ϕ185H7、ϕ90H7 等。标有主要尺寸的结构是零件上的重要结构，应给予重视。另外一些安装尺寸如底板上的 260、160 和大圆柱的左端面 ϕ230 上的螺孔的定位尺寸等，其精度虽要求不高，也是主要尺寸，因为它们是保证该零件与其他零件准确装配连接的尺寸，也应该重视。

四、技术要求分析

技术要求的分析包括尺寸公差、几何公差、表面粗糙度及技术要求说明，它们都是零件图的重要组成部分，阅读零件图时也要认真进行分析。

对主要的长、宽、高基准面、有配合的面等给出了表面粗糙度要求。为了使安装后的蜗轮轴与蜗杆轴交叉垂直，给出了支承孔 ϕ70H7 的轴线对孔 ϕ90H7 的轴线垂直度的位置公差要求。

前后两端 ϕ90H7 孔为支承蜗杆轴的轴承部位，给出了同轴度的形状公差要求；并且对铸件的处理提出了技术要求。

经过上述读图过程，对零件的形状、结构特点及其功用、尺寸有了较深刻的认识，然后结合有关技术资料、装配图和相关零件图就可以真正读懂一张零件图样。

第七节　AutoCAD 环境下绘制零件图的有关问题

一、使用"图样填充"命令绘制剖面符号

① 命令：BHATCH↙或 BH↙

②"默认"选项卡→"绘图"面板→▨·

③ 菜单栏→ 绘图(D) → ▨ 图案填充(H)…

用上述任意方式执行命令后，系统弹出如图 7-31（a）所示的"图案填充创建"和图 7-31（b）所示"图案填充和渐变色"对话框。其主要选项含义如下：

（1）类型和图案。在该区选择图案类型和图案名称。当图案类型为"预定义"时，除了在下拉列表中选择相应的图案外，还可以单击图案右边的 按钮，打开如图 7-32 所示的"填充图案选项板"对话框。机械图样中常用的金属材料剖面符号图案名为 ANSI31。

（2）角度和比例。设置图案的填充角度和疏密程度。若选择 ANSI31，当该值为缺省值 0 时，显示剖面线倾角为 45°；设置该值为 90°时，显示剖面线倾角为 135°。

比例设置应根据当前图形比例进行调整，以保证平行直线的间距适当。

（3）图案填充原点。确定在多个填充区域作多次填充时图案对齐的点，即图案每次生成的起点。默认原点是当前 UCS 的原点。

（4）边界。

(a)

(b)

图 7-31 "图案填充"对话框

（a）图案填充创建（草图与注释）；（b）图案填充和渐变色（AutoCAD 经典）

1）拾取点。选取填充边界内的任意一点，但该边界必须是封闭的。

2）选择对象。选取一系列构成边界的对象，以获得填充边界。

（5）选项。

1）注释性。控制图案填充是否具有注释性。

2）关联。控制填充图案与边界的关联特性。选择该项时，如果改变了边界，图案也随着改变，否则填充图案不随着改变。

3）创建独立的图案填充。当选择几个独立的封闭边界时，控制填充图案成为几个对象还是一个对象。

4）绘图次序。选择填充图案与其他对象的绘图次序。

二、图案填充编辑命令

用来修改图案的名称及其特性。

图 7-32 "填充图案
选项板"对话框

① 命令：HATCHEDIT ↙

② "默认"选项卡→"修改"面板→ 修改 ▾ → ▨

③ 选择要编辑的图案填充对象，在绘图区单击右键并选择 ▨ 图案填充编辑…

④ 菜单栏→ 修改(M) → 对象(O) ▸ → ▨ 图案填充编辑…

三、标注尺寸公差

1. 新建"尺寸公差"标注样式，利用"样式替代"标注尺寸公差

以"我的样式"为基础，新建"尺寸公差"样式，进入"新建标注样式"对话框，选择"公差"选项卡，如图 7-33 所示。其中"公差格式"区各项含义如下：

（1）方式。设置尺寸公差的表示形式，其下拉列表中共有 5 个选项，分别如图 7-34 所示，用户可根据需要选取其一，通常是选择"极限偏差"形式。

（2）精度。确定尺寸公差的精度。机械图样中常选择 0.000。

（3）上偏差。输入上偏差数值。上偏差缺省为"＋"，若想其为"－"，应输入负的偏

图 7-33 "我的样式"公差选项卡

图 7-34 尺寸公差的五种形式

(a) 无；(b) 基本尺寸；(c) 对称；(d) 极限偏差；(e) 极限尺寸

差值。

（4）下偏差。输入下偏差数值。下偏差缺省为"—"。

（5）高度比例。输入公差文本相对于基本尺寸文本的高度比例。通常设为 0.7。

（6）垂直位置。确定上下偏差与基本尺寸数字的对齐方式。通常设为"下"。

"尺寸公差"样式建立之后，实际在标注尺寸公差时对不同的尺寸公差值，使用"样式替代"每次临时更改上、下偏差数值即可。

2. 利用"编辑标注"或"修改文字"命令，修改基本尺寸的尺寸文本标注尺寸公差

启动"编辑标注"或"修改文字"命令，进入"多行文字编辑器"对话框，如图 7-35 所示。在基本尺寸后输入上、下偏差值，之间以"^"符号作间隔，选中要堆叠的文字并单击格式面板下的堆叠选项，或单击鼠标右键，选择弹出快捷菜单的堆叠命令，即可实现堆叠标注。堆叠后的效果：$\phi 20^{+0.041}_{-0.020}$。

图 7-35 修改基本尺寸的尺寸文本标注尺寸公差

提示：AutoCAD中的堆叠控制字符有"/"、"♯"、"⌃"，分别用于分数、斜线、公差三种形式。

如：

① 分数：％％c30H7♯h6→单击 $\frac{b}{a}$ 按钮→ϕ30H7/h6 或 ％％c30H7/h6→单击 $\frac{b}{a}$ 按钮→$\phi30\dfrac{H7}{h6}$。

② 公差：％％c20+0.41⌃−0.020→单击 $\frac{b}{a}$ 按钮→$\phi20^{+0.041}_{-0.020}$。

③ 上标：120m3⌃→单击 $\frac{b}{a}$ 按钮→120m^3。

④ 下标：A⌃1→单击 $\frac{b}{a}$ 按钮→A$_1$。

四、标注形位公差

1. 利用"公差"命令标注形位公差

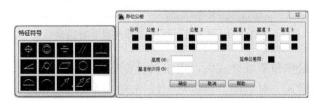

图 7-36　"形位公差"对话框 及"特征符号"选择框

① 命令：TOLERANCE↙或 TOL↙
②"注释"选项卡→标注面板→ 标注▼ → ⊞⊡
③ 菜单栏→ 标注(N) → ⊞⊡ 公差(T)...

系统弹出如图 7-36 所示"形位公差"对话框。单击"符号"下面的任何一个方框，将出现"特征符号"选择框，如图 7-36 所示。

注意：用该命令创建的形位公差只有框格，指引线和箭头须单独绘制。

2. 利用"快速引线"命令标注形位公差

命令：QLEADER↙或 LE↙
QLEADER

指定第一条引线点或〔设置（S）〕〈设置〉：S↙

系统进入"引线设置"对话框，如图 7-37 所示。

单击"公差"前面的单选按钮，按"确定"按钮关闭该对话框。然后按提示指定引线各点，可以直接绘制出带指引线和箭头的形位公差。

实际在标注形位公差时，多采用"引线"命令。

图 7-37　"引线设置"对话框

提示： 采用以上方法标注形位公差后，还需单独绘制基准符号，最好也使用"图块"命令创建一个"基准符号图块"。

3. 多重引线样式命令

多重引线能够快速标注装配图的零件序号和引出公差，更清楚地标识制图的标准、说明等内容。

① 命令：MLEADERSTYLE↙或 MLS↙

② "默认"选项卡→"注释"面板→

③ "注释"选项卡→"引线"面板→

系统弹出如图7-38所示"多重引线样式管理器"对话框。

图7-38　"多重引线样式管理器"对话框

设置了新样式的名称和基础样式后，单击对话框中的继续按钮，系统弹出如图7-39所示的"修改多重引线样式"对话框，可以对引线格式、引线结构和内容进行设置。

图7-39　"修改多重引线样式"对话框

4. 多重引线命令

① 命令：MLEADER↙或 MLD↙

② "默认"选项卡→"注释"面板→引线

③ "注释"选项卡→"引线"面板→多重引线

④ 菜单栏→ [标注(N)] → [多重引线(E)]

指定引线箭头的位置或 [引线基线优先 (L)/内容优先 (C)/选项 (O)] <选项>：点 1

指定下一点：点 2

指定引线基线的位置：键入 C2（在编辑窗口外单击鼠标左键结束文字

输入，如图 7-40 所示）

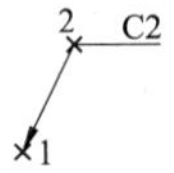

图 7-40 多重
引线举例

5. 多重引线对齐命令

多重引线对齐可以将没有对齐文字的多重引线对齐到一条线上，或是文字的间隔均匀一致，而箭头仍保留原位置。

① 命令：MLEADERALIGN↙ 或 MLA↙

②"默认"选项卡→"注释"面板→ [引线] → [对齐]

③"注释"选项卡→"引线"面板→ []

选择多重引线：指定对角点：用窗口选择找到 3 个多重引线

选择多重引线：↙

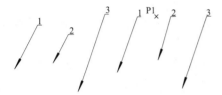

图 7-41 多重引线水平方向对齐

当前模式：使用当前间距

选择要对齐到的多重引线或 [选项 (O)]：选择引线 3

指定方向：点 P1（如图 7-41 所示）

五、使用图块标注表面粗糙度

图块是带有图块名的一组实体的总称。AutoCAD 可以创建内部块和外部块，然后根据需要将图块按一定的比例和角度插入到任何指定位置。

1. 创建内部块

创建内部块是指图块数据保存在当前文件中，只能被当前图形所访问的块。

① 命令：BLOCK↙ 或 B↙

②"默认"选项卡→"块"面板→ [创建]

③"插入"选项卡→"块定义"面板→ [创建块]

④ 菜单栏→ [绘图(D)] → [块(K)] ▶ → [创建(M)...]

启动命令后，系统弹出"块定义"对话框，如图 7-42 所示，其各主要选项含义如下：

（1）名称。输入要创建块的名称。

（2）基点。设置块的插入基点。可以在 X、Y、Z 输入框中直接输入坐标值；也可以单击"拾取点"按钮后，用鼠标直接在绘图区点取。通常将基点设在图块的特征位置，如对称中心，右下角等。

（3）选择对象。选取构成图块的对象。

2. 创建外部块

创建外部块的含义为图块数据保存在独立的图形文件中，可以被所有图形文件所访问。

① 命令：WBLOCK↙ 或 W↙

②"插入"选项卡→"块定义"面板→ [创建块] → [写块] 或 [写块]

启动命令后，系统弹出"写块"对话框，如图 7-43 所示。其中：

图 7-42 "块定义"对话框　　　　　　　图 7-43 "写块"对话框

（1）在"源"选项组中应确定图块的定义范围，可以是已定义的内部块，当前绘制的整个图形，或选择的对象。

（2）在"目标"选项组中应确定图块文件的名称和保存路径。

3. 插入图块

图块的使用是通过插入图块的方式实现的。所谓插入命令，就是将外部块或当前图形中已经定义的内部块以适当的方式插入到当前图形指定位置。

① 命令：INSERT↙或 I↙

② "默认"选项卡→"块"面板→

③ "插入"选项卡→"块"面板→

④ 菜单栏→ 插入(I) → 块(B)...

启动命令后，系统弹出"插入"对话框，如图 7-44 所示。各选项含义如下：

图 7-44 "插入"对话框

（1）名称。单击下拉箭头，弹出当前图形文件内部块名下拉列表；单击右边的"浏览"按钮，将出现"选择图形文件"对话框，从中选择外部块。

（2）路径。如果选择的是外部块，将显示块文件所在的路径。

（3）插入点。指定基点位置。可以直接输入 X、Y、Z 坐标值；也可以选中"在屏幕上指定"复选框，关闭"插入"对话框后可看见块随着鼠标移动，单击鼠标左键将块放在图形的适当位置上。

（4）缩放比例。可分别设置 X、Y、Z 的比例因子。

（5）旋转。设置块的插入角度。

提示：使用图块、特别是属性块作图，可以大大提高作图效率。绘制零件图时，一些常用的专业符号如表面粗糙度、基准符号、焊接符号等应建立成符号库。

4. 创建块属性

块属性是属于块的非图形信息，是块的组成部分。当对块进行编辑时，其属性也将改变。

① 命令：ATTDEF↙或 ATI↙

② "默认"选项卡→"块"面板→块▾→🏷

③ "插入"选项卡→"块定义"面板→ 🏷 定义属性

④ 菜单栏→ 绘图(D) → 块(K) ▶ → 🏷 定义属性(D)…

启动命令后，系统弹出"属性定义"对话框，如图 7 - 45 所示。各选项含义如下：

（1）模式。用于在图形中插入块时，与块对应的属性值模式。

（2）属性。用于设置属性数据。

（3）插入点。用于定义插入点坐标。

（4）文字设置。用于定义属性文本的文字式样、对正类型、文字高度和旋转角度。

图 7 - 45 "属性定义"对话框

5. 使用块属性标注表面粗糙度举例

（1）绘制如图 7 - 46 所示字高 $h=1$ 时的表面粗糙度符号。

启动画"直线"命令，选择任意一点后，依次输入下面的相对坐标值：

@1.62<- 180↙；@1.62<- 60↙；@3.24<60↙；@3.24<0↙。

（2）定义属性（属性是指图块中的文字信息）。

启动命令后，弹出"属性定义"对话框，如图 7 - 45 所示：

"属性"区：在"标记"文本框中输入"Ra"；在"提示"文本框中输入"请输入表面粗糙度数值"；在"默认"文本框中输入"$Ra6.3$"；

"文字设置"区：在"对正"下拉列表中选择"左对齐"；在"文字式样"下拉列表中选

择"工程字"；

　　单击"确定"按钮返回绘图区，在绘制好的表面粗糙度符号水平线下方左边选取一点，在该水平线下方会出现属性"RA"，如图 7-46（b）所示。

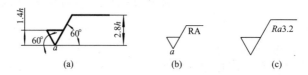

图 7-46　表面粗糙度符号及粗糙度数值

　　（3）定义外部块文件。

　　启动"写块"命令，打开"写块"对话框，如图 7-43 所示。注意选择对象时应包括属性 RA；基点拾取图 7-46 中的 a 点作为插入点；文件名为"粗糙度"，选择合适的路径。

　　（4）插入粗糙度符号。

　　启动"插入"命令，打开图 7-44 所示"插入"对话框。

　　选择外部块文件"粗糙度"；"插入点"区：选择"在屏幕上指定"；"比例"区，选择"统一比例"，输入"3.5"；"旋转"区，选择缺省值"0"；按"确定"按钮关闭对话框。

　　指定插入点或［基点（B）/比例（S）/旋转（R）］：<u>指定插入点</u>↙

　　输入属性值

　　请输入表面粗糙度数值〈Ra6.3〉：<u>Ra3.2</u>↙

　　结果如图 7-46（c）所示。

六、使用 AutoCAD2014 绘制零件图

　　使用 AutoCAD2014 绘制零件图的方法和步骤与 §4-6 中绘制组合体三视图的方法类似，只是图样表达方式更加多样，各种技术要求需填写完整，此处不再赘述。具体示例及操作过程参见配套习题集。

第八章 装 配 图

装配图是用来表达机器或部件的图样,主要表达机器或部件的工作原理、装配关系、结构形状和技术要求,指导机器或部件的装配、检验、调试、安装、维修等。因此,装配图是机械设计、制造、使用、维修以及进行技术交流的重要技术文件。

第一节 装配图的内容和表示法

一、装配图的内容

以图 8-1 所示铣刀头装配图为例,一张完整的装配图包括以下四项内容。

1. 一组视图

用来表达机器或部件的工作原理、零件间的装配关系、连接方式及主要零件的结构形状等。

2. 必要的尺寸

标注出与机器或部件的性能、规格、装配和安装有关的尺寸。

3. 技术要求

用符号、代号或文字说明装配体在装配、安装、调试等方面应达到的技术指标。

4. 标题栏、零件序号及明细栏

在装配图上,必须对每个零件编号,并在明细栏中依次列出零件序号、名称、数量、材料等。标题栏中,写明装配体的名称、图号、绘图比例以及有关人员的签名等。

二、装配图画法的基本规定和特殊画法规定

零件图中的各种表达方法(视图、剖视图、断面图等)同样适用于装配图,但装配图着重表达装配体的结构特点、工作原理以及各零件的装配关系。针对这一点,国家标准对装配图提出了基本的画法规定和特殊的画法规定。

1. 装配图画法的基本规定

(1)实心零件画法。对于紧固件以及轴、键、销等实心零件,若按纵向剖切,且剖切平面通过其对称平面或轴线时,这些零件均按不剖绘制,如图 8-1 中的轴、键以及螺钉等。如果需要特别表明这些零件上的局部结构,如凹槽、键槽、销孔等,可用局部剖视表示,如图 8-1 中轴的两端用局部剖视表示键、螺钉和销的位置。

(2)相邻零件的轮廓线画法。两相邻零件的接触面或配合面,只画一条共有的轮廓线;不接触面和不配合面分别画出两条各自的轮廓线。如图 8-1 中,V 带轮轴孔与轴的配合面画一条线,键槽处的不接触面则画两条线。

(3)相邻零件的剖面线画法。相邻的两个(或两个以上)金属零件,剖面线的倾斜方向应相反,或者方向一致而间隔不等以示区别,如图 8-1 中座体与左右端盖以及滚动轴承的剖面线画法。

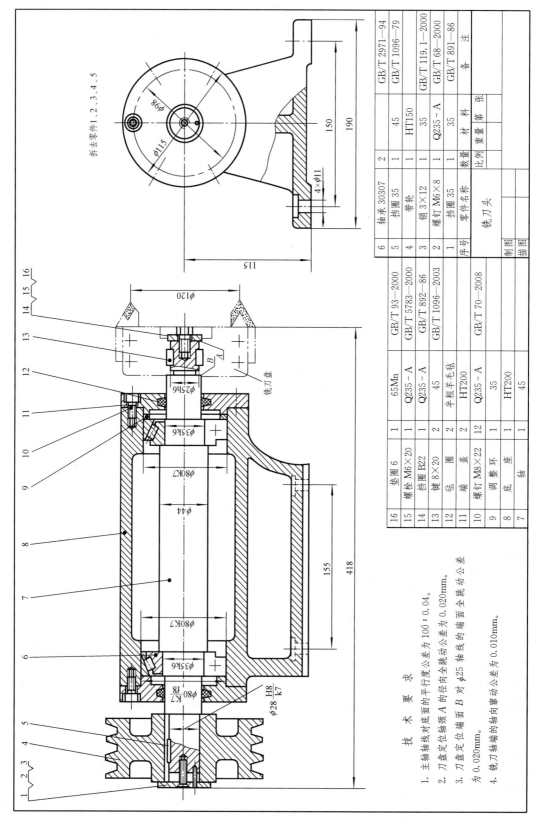

图 8-1 铣刀头装配图

拆去零件1、2、3、4、5

技 术 要 求

1. 主轴轴线对底面的平行度公差为 100：0.04。
2. 刀盘定位轴颈 A 的径向全跳动公差为 0.020mm。
3. 刀盘定位端面 B 对 φ25 轴线的端面全跳动公差为 0.020mm。
4. 铣刀轴轴端的轴向窜动公差为 0.010mm。

16	垫圈 6	1	65Mn		GB/T 93—2000
15	螺栓 M6×20	1	Q235-A		GB/T 5783—2000
14	挡圈 B22	1	Q235-A		GB/T 892—86
13	键 8×20	2	45		GB/T 1096—2003
12	毡圈	2	半粗羊毛毡		
11	端 盖	2	HT200		
10	螺钉 M8×22	12	Q235-A		GB/T 70—2008
9	调整环	1	35		
8	底 座	1	HT200		
7	轴	1	45		
6	轴承 30307	2			GB/T 2971—94
5	挡圈 35	1	45		GB/T 1096—79
4	带轮	1	HT150		
3	销 3×12	1	35		GB/T 119.1—2000
2	螺钉 M6×8	1	Q235-A		GB/T 68—2000
1	挡圈 35	1	35		GB/T 891—86
序号	零件名称	数量	材 料		备 注
	铣刀头		比例 重量 第 张		
			制图		
			描图		

2. 特殊画法规定

(1) 拆卸画法。当某些零件遮住了所需表达的其他部分时，可假想沿某些零件的结合面剖切或拆卸某些零件后绘制，并注写"拆去零件××"。如图8-1铣刀头的左视图是拆去零件1、2、3、4、5后画出的。

(2) 假想画法。当需要表示某些零件的位置或运动范围和极限位置时，可用细双点画线画出该零件的轮廓线。如图8-1铣刀头的主视图中是铣刀盘。

(3) 简化画法。如图8-2所示，对于若干相同的零件组，如螺钉连接等，可详细地画出一处，其余用细点画线表示其位置。在装配图中，零件的工艺结构，如倒角、圆角、退刀槽等允许不画。

(4) 夸大画法。当图形上的薄片厚度或间隙小时（2mm），允许将该部分不按原比例绘制，而是夸大画出，以增加图形表达的明显性，如图8-2所示。

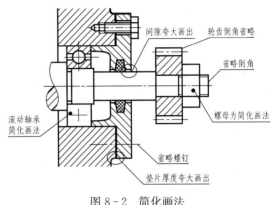

图8-2 简化画法

第二节 装配图的尺寸标注、零部件序号和明细栏

一、装配图的尺寸标注

装配图上标注尺寸与零件图标注尺寸的目的不同，因为装配图不是制造零件的直接依据，所以在装配图中不需标注零件的全部尺寸，而只需注出下列几种必要的尺寸。

1. 规格（性能）尺寸

表示机器、部件规格或性能的尺寸，是设计和选用部件的主要依据。如图8-1中铣刀盘的尺寸$\phi 120$。

2. 装配尺寸

表示零件之间装配关系的尺寸，如配合尺寸和重要相对位置尺寸。如图8-1中V带轮与轴的配合尺寸$\phi 28H8/k7$等。

3. 安装尺寸

表示将部件安装到机器上或将整机安装到基座上所需的尺寸。如图8-1中铣刀头底座的底板上4个沉孔的定位尺寸155、150。

4. 外形尺寸

表示机器或部件外形轮廓的大小，即总长、总宽和总高尺寸。为包装、运输、安装所需空间大小提供依据。

除上述尺寸外，有时还要标注其他重要尺寸，如运动零件的极限位置尺寸、主要零件的重要结构尺寸等。

二、装配图的技术要求

用文字或符号在装配图中对机器或部件的性能、装配、检验、使用等方面的要求和条件予以说明，这些统称为装配图的技术要求。技术要求书写在装配图的空白处，如图8-1

所示。

三、装配图的零部件序号和明细栏

为了便于看图和图样管理，对装配图中所有零部件均需编号。同时，在标题栏上方的明细栏中与图中序号一一对应地予以列出。

1. 零部件序号及其编排方法

（1）序号由点、指引线、横线（或圆圈）和序号数字组成。编序号时，用细实线向图形外画指引线，在指引线的末端用细实线画一短横线或一小圆，并且指引线应通过小圆的中心，在短横线上或小圆内用阿拉伯数字编写零件的序号，序号字体高度比尺寸数字大一号或两号。如图8-3所示。

（2）指引线画法。零件序号的指引线从所指零、部件的可见轮廓内引出，指引线在零件内的末端画一个小圆点，小圆点的直径等于粗实线的宽度。如图8-3所示。若所指部分（很薄的零件或涂黑的断面）内不便画圆点时，可在指引线的末端画出箭头，并指向该部分的轮廓，如图8-4所示。

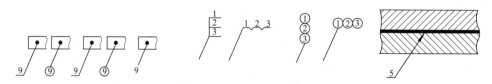

图8-3　零件序号及指引线（一）　　　　　图8-4　零件序号及指引线（二）

指引线应尽可能排布均匀，且不宜过长，不能相互交叉，指引线穿过有剖面线的区域时，也不应与剖面线平行。必要时指引线可画成折线，但只可曲折一次。

对于一组紧固件或装配关系清楚的组件，可用公共指引线，如图8-4所示。标准部件在图中被当成一个部件，只编写一个序号。

（3）序号的编写顺序。装配图中的序号应按水平或垂直方向排列，并按顺时针或逆时针方向依次排列整齐，尽可能均匀分布。如图8-1所示。

2. 明细栏（GB/T 10609.1—2008）

明细栏是机器或部件中全部零件的详细目录，它是说明零件序号、代号、名称、规格、数量、材料等内容的表格。

明细栏位于标题栏上方，当标题栏上方位置不够用时，可续接在标题栏的左方。如图8-1所示。明细栏的外框竖线为粗实线，其余各线为细实线，其下边线与标题栏上边线或图框下边线重合，长度相同。明细栏中，零、部件序号应按自下而上的顺序排列，这样排列便于填写增添零件，如图8-1所示。

标准件应填写规定标记，其他有关的重要内容，如齿轮的模数、齿数等常在备注栏内填写。

第三节　常见装配结构

在绘制装配图时，应考虑装配结构的合理性，以保证机器和部件的性能，连接可靠，便于零件装拆。

一、接触面与配合面结构的合理性

(1) 两个零件在同一方向上只能有一个接触面和配合面，如图 8-5 所示。

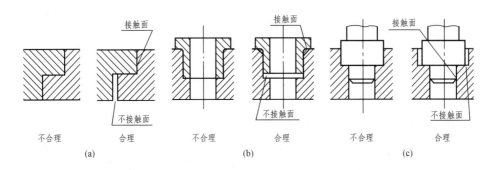

图 8-5　常见装配结构（一）

(2) 为保证轴肩端面和孔端面接触，可在轴肩处加工出退刀槽，或在孔的端面加工出倒角，如图 8-6 所示。

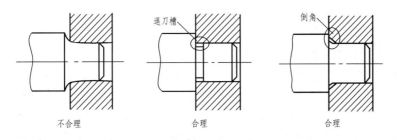

图 8-6　常见装配结构（二）

二、密封装置

为防止机器或部件内部的液体或气体向外渗透，同时也避免外部的灰尘、杂质等侵入，必须采用密封装置。图 8-7 为典型的密封装置，通过压盖或螺母将填料压紧而起防漏作用。

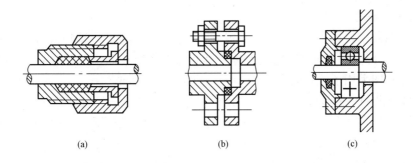

图 8-7　密封结构
(a) 填料箱密封；(b) O 型密封圈；(c) 毡圈密封

第四节　画装配图的方法与步骤

设计机器或部件需要画出装配图，测绘机器或部件时先画出零件草图，再依据零件草图拼画出装配图。画装配图与画零件图的方法步骤类似。画装配图时，先要了解装配体的工作原理、每种零件的数量及其在装配体中的功能和零件间的装配关系等，并且要看懂每个零件的零件图，想象出零件的形状。现以铣刀头为例，说明画装配图的方法与步骤。

一、了解和分析装配体

铣刀头是安装在铣床上的一个专用部件，其作用是安装铣刀，铣削零件。由图 8-1 可知，该部件是由 16 种零件组成的。铣刀装在铣刀盘（图中细双点画线所示）上，铣刀盘通过键 13（双键）与轴 7 连接。动力通过 V 带轮 4 经键 5 传递到轴 7，从而带动铣刀盘旋转，对零件进行铣削加工。

轴 7 由两个圆锥滚子轴承 6 及座体 8 支承，用两端盖 11 及调整环 9 调节轴承的松紧及轴 7 的轴向位置；两端盖用螺钉 10 与座体 8 连接，端盖内装有毡圈 12，紧贴轴起密封防尘作用；V 带轮 4 轴向由挡圈 1 及螺钉 2、销 3 来固定，径向由键 5 固定在轴 7 的左端；铣刀盘与轴的右端由挡圈 14、垫圈 16 及螺栓 15 固定。

二、分析和看懂零件图

对装配体中的零件要逐个分析，看懂每个零件的零件图。弄清零件在装配体中的作用、位置以及相关零件的连接方式，对零件进行结构分析。对铣刀头中的主要零件轴、V 带轮和座体的结构形状更要作具体分析。

为表示装配体工作原理和装配关系，常采用简单的线条和符号形象地画出装配示意图，供拼画装配图时参考。

三、确定表达方案

1. 主视图的选择

主视图要反映部件的主要装配关系和工作原理。如图 8-1，铣刀头座体水平放置，符合工作位置，主视图是通过轴 7 轴线的全剖视图，并在轴两端作局部剖视图，清楚表示铣刀头的装配干线。

2. 其他视图的选择

分析主视图尚未表达清楚的装配关系或主要零件的结构形状，选择适当的表达方法表示清楚。图 8-1 中的左视图补充表达了座体及其底板上安装孔的位置，为了突出座体的主要形状特征，左视图采用了拆卸画法。

四、画装配图的一般步骤

（1）根据确定的表达方案、部件的大小、视图的数量，选取适当的绘图比例和图幅。画出每个视图的主要基准线。

（2）围绕主要装配干线由里向外，逐个画出零件的图形。一般从主视图入手，兼顾各视图的投影关系，几个基本视图结合起来进行绘制。先画主要零件（如轴、座体等），后画次要零件（如端盖、轴承）；先画大体轮廓，后画局部细节；先画可见轮廓（V 带轮、端盖等），被遮挡部分（轴承端面轮廓和座体孔的端面轮廓）可不画出。

（3）校核、描深、画剖面线。

（4）标注尺寸、编排序号。

（5）填写技术要求、明细栏、标题栏，完成作图，如图8-1所示。

第五节　读装配图和拆画零件图

在产品的设计、安装、调试、维修及技术交流时，都需要识读装配图。不同工作岗位的技术人员，读装配图的目的和内容有不同的侧重和要求。有的仅需了解机器或部件的工作原理和用途，以便选用；有的为了维修而必须了解部件中各零件间的装配关系、连接方式、装拆顺序；有时对设备修复、革新改造还要拆画部件中某个零件，需要进一步分析并看懂该零件的结构形状以及有关技术要求等。

读装配图的基本要求是：

（1）了解部件的工作原理和使用性能。

（2）弄清各零件在部件中的功能、零件间的装配关系和连接方式。

（3）读懂部件中主要零件的结构形状。

（4）了解装配图中标注的尺寸以及技术要求。

一、读装配图的方法与步骤

在生产中，将零件装配成部件，或改进、维修旧设备时，经常要阅读和分析包括装配图和全部零件图的成套图样。只有将装配图与零件图反复对照分析，搞清楚各个零件的结构形状和作用，才能对装配图所表达的内容更深入地了解。图8-8为机用虎钳装配图，图8-9为机用虎钳全部零件图（不包括标准件），图8-10为轴测装配图，供识读时对照参考。

1. 概括了解

机用虎钳是安装在机床工作台上，用于夹紧工件，以便进行切削加工的一种通用工具。虎钳由11种零件组成，其中螺钉11、圆柱销7是标准件，其他是一般零件。

机用虎钳装配图采用三个基本视图和一个表示单独零件的视图（2号零件）来表达。主视图采用全剖视图，反映虎钳的工作原理和零件间的装配关系。俯视图反映了固定钳座的结构形状，并且通过局部剖视表达了钳口板与钳座连接的局部结构。左视图采用$A—A$半剖视图，剖切位置从主视图中查找。

2. 工作原理和装配关系

主视图基本上反映了机用虎钳的工作原理：旋转螺杆8使螺母块9带动活动钳身4作水平方向移动，夹紧工件进行切削加工。最大夹持厚度为70mm，图中的细双点画线表示活动钳身的极限位置。

主视图反映了主要零件的装配关系：螺母块9从固定钳座1的下方空腔装入工字形槽内，再装入螺杆8，并用垫圈10、垫圈5以及环6、销7将螺杆轴向固定；通过螺钉3将活动钳身4与螺母块9连接，最后用螺钉11将两块钳口板2分别与固定钳座和活动钳身连接。识读时必须对照俯、左视图。机用虎钳的装配结构可参考图8-10轴测装配图。

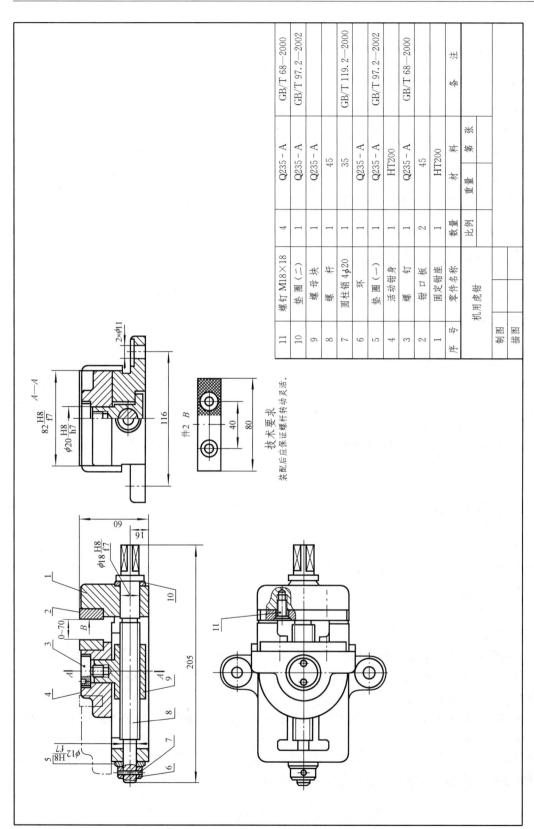

11	螺钉 M18×18	4	Q235 - A	GB/T 68-2000
10	垫圈（二）	1	Q235 - A	GB/T 97.2-2002
9	螺母块	1	Q235 - A	
8	螺杆	1	45	
7	圆柱销4φ20	1	35	GB/T 119.2-2000
6	环	1	Q235 - A	
5	垫圈（一）	1	Q235 - A	GB/T 97.2-2002
4	活动钳身	1	HT200	
3	螺钉	1	Q235 - A	GB/T 68-2000
2	钳口板	2	45	
1	固定钳座	1	HT200	
序号	零件名称	数量	材 料	备　注
	机用虎钳		比例	重量 |第 张
			制图	
			描图	

技术要求

装配后应保证螺杆转动灵活。

图 8-8　机用虎钳装配图

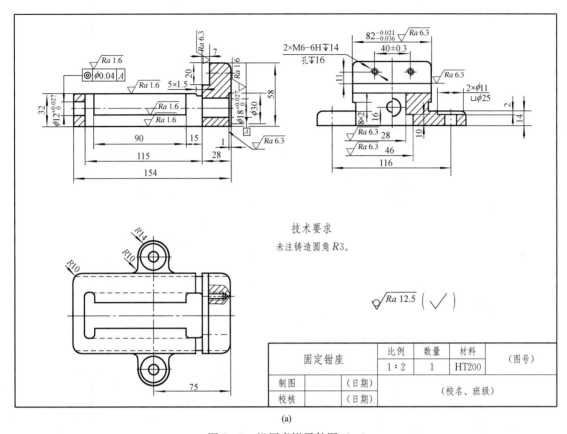

(a)

图 8-9 机用虎钳零件图（一）

3. 分析零件

机用虎钳的主要零件是固定钳座、螺杆、螺母块、活动钳身等。它们在结构上以及标注的尺寸之间有非常密切的联系。要读懂装配图，必须仔细分析有关的零件图，并对照装配图上所反映的零件的作用和零件间的装配关系进行分析。

（1）如图 8-9（a）所示，固定钳座下部空腔的工字形槽是为了装入螺母块，并使螺母带动活动钳身随着螺杆顺（逆）时针旋转时作水平方向左右移动，所以固定钳座工字形槽的上、下导面均有较高的表面粗糙度要求，Ra 值为 $1.6\mu m$。同样，图 8-9（d）中的活动钳身底面的表面粗糙度 Ra 值也是 $1.6\mu m$。

（2）螺母块在虎钳中起重要作用，它与螺杆旋合，随着螺杆的转动，带动活动钳身在钳座上左右移动。如图 8-9（b）所示的螺母块零件图，螺纹有较高的表面粗糙度要求，同时为了使螺母块在钳座上移动自如（对照装配图中的左视图），它的下部凸台也有较高的表面粗糙度要求，Ra 值为 $1.6\mu m$。螺母块的整体结构是上圆下方，上部圆柱与活动钳身相配合，注出尺寸公差 $\Phi 20_{-0.027}^{0}$。螺母块可通过螺钉 3 调节松紧度，使螺钉转动灵活，活动钳身移动自如。

（3）为了使螺杆在钳座左右两圆柱孔内转动灵活，螺杆两端轴颈与圆孔采用基孔制间隙配合（$\phi 18H8/f7$，$\phi 12H8/f7$）。

（4）为了使活动钳身在钳座工字形槽的水平导面上移动自如，活动钳身与固定钳座导面

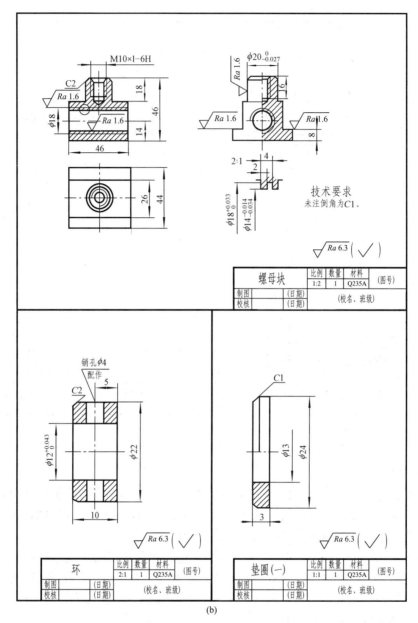

图 8 - 9　机用虎钳零件图（二）

两侧的结合面采用了基孔制间隙配合（82H8/f7）。

综上所述，可以看出，零件和部件的关系是局部和整体的关系。所以在对部件进行零件分析时，一定要结合零件的作用和零件间的装配关系，并结合装配图和零件图上所标注的尺寸、技术要求等进行全面的归纳总结，形成一个完整的认识，才能达到全面读懂装配图的目的。

二、由装配图拆画零件图

由装配图拆画零件图简称拆图，应在读懂装配图的基础上进行。现以图 8 - 11 齿轮油泵为例，说明拆画零件图的方法和步骤。

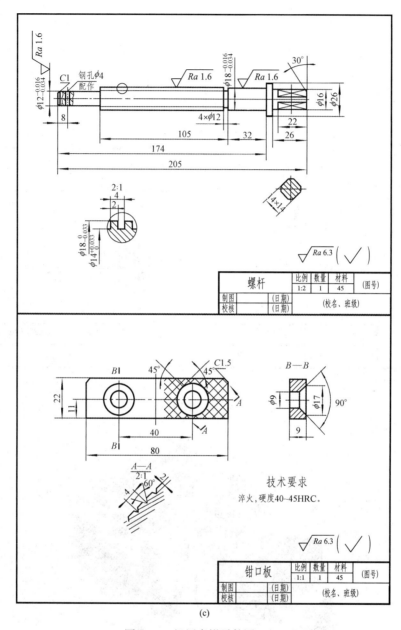

图 8-9　机用虎钳零件图（三）

1. 概括了解

齿轮油泵是机器中用来输送润滑油的一个部件，由泵体、左右端盖、传动齿轮轴和齿轮轴等15种零件装配而成。该齿轮油泵装配图用两个视图表达。全剖的主视图表达了零件间的装配关系，左视图沿左端盖与泵体结合面剖开，并局部剖出油孔，表示了部件吸、压油的工作原理及其外部特征。

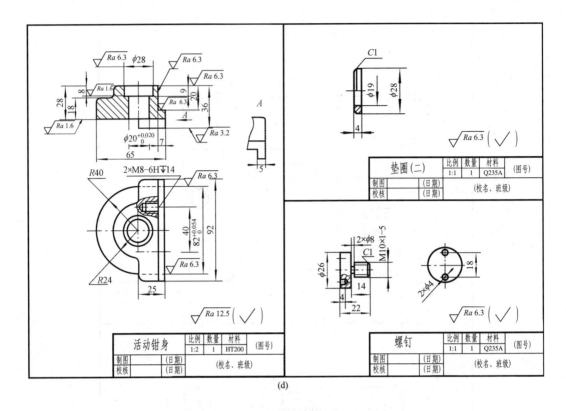

活动钳身	比例	数量	材料	(图号)
	1:2	1	HT200	
制图	(日期)		(校名、班级)	
校核	(日期)			

垫圈（二）	比例	数量	材料	(图号)
	1:1	1	Q235A	
制图	(日期)		(校名、班级)	
校核	(日期)			

螺钉	比例	数量	材料	(图号)
	1:1	1	Q235A	
制图	(日期)		(校名、班级)	
校核	(日期)			

(d)

图 8-9 机用虎钳零件图（四）

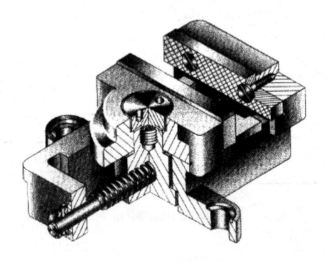

图 8-10 机用虎钳轴测装配图

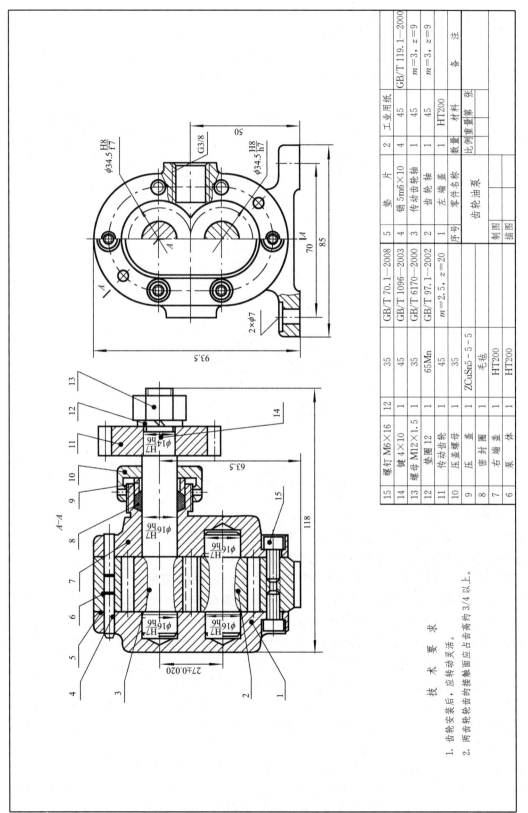

图 8 – 11　齿轮油泵装配图

15	螺钉 M6×16	12	35	GB/T 70.1—2008								5	销 5m6×10	4	45	GB/T 119.1—2000
14	键 4×10	1	45	GB/T 1096—2003								4	传动齿轮轴	1	45	m=3, z=9
13	螺母 M12×1.5	1	35	GB/T 6170—2000								3	齿轮轴	1	45	m=3, z=9
12	垫圈 12	1	65Mn									2	左端盖	1	HT200	
11	传动齿轮	1	45	GB/T 97.1—2002								1	齿轮油泵			
10	压盖螺母	1	35	m=2.5, z=20								序号	零件名称	数量	材料	备　注
9	压盖	1	ZCuSn5-5-5											齿轮油泵		比例	重量	第　张
8	密封圈	1	毛毡									制图				
7	右端盖	1	HT200									描图				
6	泵体	1	HT200													

技　术　要　求

1. 齿轮安装后，应转动灵活。
2. 两齿轮齿面的接触面应占齿高约 3/4 以上。

2. 了解部件的装配关系和工作原理

泵体 6 的内腔容纳一对齿轮。将齿轮轴 2、传动齿轮轴 3 装入泵体后，由左端盖 1、右端盖 7 支撑这一对齿轮轴的旋转运动。由销 4 将左右端盖与泵体定位后，再用螺钉 15 连接。为防止泵体与泵盖结合面及齿轮轴伸出端漏油，分别用垫片 5 及密封圈 8、轴套 9、压紧螺母 10 密封。

左视图反映部件吸、压油的工作原理。如图 8-12 所示，当主动轮逆时针方向转动时，带动从动轮顺时针方向转动，两轮啮合区右边的油被齿轮带走，压力降低形成负压，油池中的油在大气压力作用下，进入油泵低压区内的吸油口，随着齿轮的转动，齿槽中的油不断沿箭头方向被带至左边的压油口把油压出，送至机器需要润滑的部分。

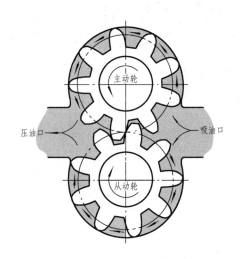

图 8-12　齿轮油泵工作原理

3. 分析零件，拆画零件图

对部件中主要零件的结构形状进一步分析，可对零件在装配体中的功能以及零件间的装配关系更加深入理解，也为拆画零件图打下基础。

根据明细栏与零件序号，在装配图中逐一对照各零件的投影轮廓进行分析，其中标准件和常用件都有规定画法。垫片、密封圈、压盖和压紧螺母等零件形状都比较简单，不难看懂。本例需要分析的零件是泵体和左右端盖。

分析零件的关键是将零件从装配图中分离出来，再通过对投影想形体，弄清该零件的结构形状。下面以齿轮油泵为例，说明分析和拆画零件的全过程。

（1）分离零件。根据方向、间隔相同的剖面线将泵体从装配图中分离出来，如图 8-13（a）所示。由于在装配图中泵体的可见轮廓线可能被其他零件（如螺钉、销）遮挡，所以分离出来的图形可能是不完整的，必须补全。将主、左视图对照分析，想象出泵体的整体形状，如图 8-13（b）所示。

（2）确定零件的表达方案。零件的视图表达应根据零件的结构形状确定，而不是从装配图中照抄。在装配图中，泵体的左视图反映了容纳一对齿轮的长圆形空腔以及与空腔相通的进、出油孔，同时也反映了销钉与螺钉孔的分布以及底座上沉孔的形状。因此，画零件图时

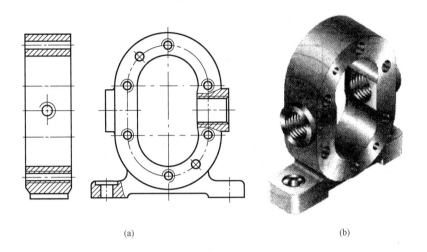

图 8 - 13　拆画泵体

(a) 分离出泵体；(b) 泵体轴测图

按这一方向作为泵体主视图的投射方向比较合适。

　　装配图中省略未画出的工艺结构如倒角、退刀槽等，在拆画零件图时应按标准结构要素补全。

　　(3) 零件图的尺寸标注。零件图中已经注出的尺寸，都是重要尺寸，如 $\Phi34.5H8/f7$ 是一对啮合齿轮的齿顶圆与泵体空腔内壁的配合尺寸；28.75 ± 0.02 是一对啮合齿轮的中心距尺寸；G3/8 是进、出油口的管螺纹尺寸。另外还有油孔中心高尺寸 50，底板上安装孔定位尺寸 70 等。上述尺寸可直接抄注在零件图上。其中配合尺寸，应标注该零件相应结构的公差带代号，或查表注出上、下极限偏差数值。

　　装配图中未注的尺寸，可按比例从装配图中量取，并加以圆整。某些标准结构，如键槽的深度和宽度、沉孔、倒角、退刀槽等，应查阅有关标准注出。

　　(4) 零件图的技术要求。零件的表面粗糙度、尺寸公差和几何公差等技术要求的确定，要根据该零件在装配体中的功能以及对该零件表面的要求来确定。零件的其他技术要求可用文字注写在标题栏附近。

　　图 8 - 14 是根据齿轮油泵装配图拆画的泵体零件图。

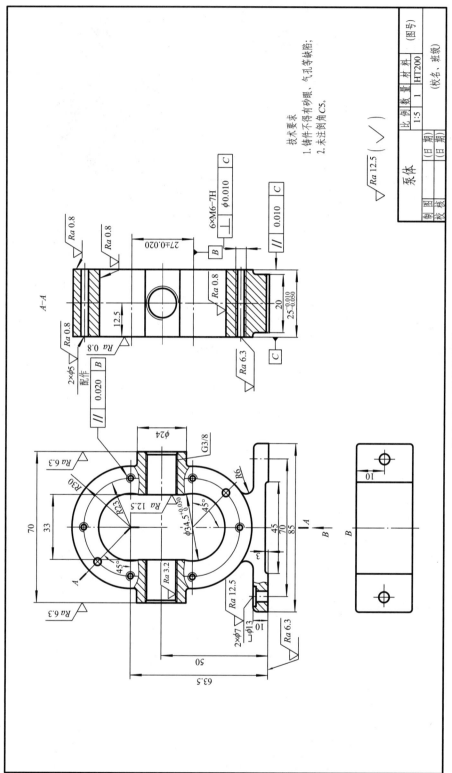

图 8 - 14　泵体零件图

第六节 零 部 件 测 绘

绘制机械图样，有新设计和测绘之分，新设计是指没有实物作参照，根据总体方案设计，确定机器各部分的结构和尺寸，绘制总装配图、部件装配图和零件工作图的过程。测绘则是根据已有的部件（或机器）和零件进行绘制、测量，并整理画出零件工作图和装配图的过程。实际生产中，设计新产品（或仿照）时，需要测绘同类产品的部分或全部零件，供设计时参考；机器或设备维修时，如果某一零件损坏，在无备件又无零件图的情况下，也需要测绘损坏的零件，画出图样作为加工的依据。所以，测绘是工程技术人员必须掌握的基本技能之一。

零部件测绘的方法一般可分为：熟悉测绘对象和拆卸部件，画装配示意图，画零件草图，画装配图和零件工作图等步骤。现简单说明如下：

一、测绘前的准备工作

1. 测绘用工具的准备

测绘部件之前，应根据部件的复杂程度制定测绘进程计划，并准备拆卸用品和工具，如扳手、螺丝刀、手锤、铜棒，测量用钢尺、内外卡钳，游标卡尺等量具，以及其他用品如细钢丝、标签、绘图用品和有关手册。

2. 熟悉测绘对象

通过观察实物，参阅有关图纸资料，弄懂部件的用途、性能、工作原理、装配关系、结构特点和拆卸顺序等。

3. 拆卸装配体和画装配示意图

在初步了解装配体的基础上，根据装配体的组成情况及装配关系，依次拆卸各零件。拆卸前，应分析并确定拆卸顺序。为避免零件的丢失或混乱，对拆下的零件应立即逐一编号，系上标签，并作相应的记录。对于不可拆的连接和过盈配合的零件尽量不拆；对于过渡配合的零件，如不影响对零件结构形状的了解和尺寸的测量也可不拆，以免影响部件的性能和精度。拆卸时，使用工具要得当，拆下的零件应妥善保管，以免碰坏或丢失。对重要的零件和零件上的重要表面，要防止碰伤、变形、生锈，以免影响其精度。

为了便于部件拆卸后装配复原，在拆卸零件的同时应画出部件的装配示意图，并编上序号，记录零件的名称、数量、传动路线、装配关系和拆卸顺序。画装配示意图时，仅用简单的符号和线条表达部件中各零件的大致轮廓形状和装配关系，一般只画一至二个图形。对于相邻两零件的接触面或配合面最好画出间隙，通孔可按断面形状画成开口的。对于轴、轴承、齿轮、弹簧等，应按 GB/T 4460—1984《常用机构运动、机械传动简图》中规定的符号绘制。示意图上还应编上零件序号，注写零件的名称及数量。

二、画零件草图

零件测绘一般是在生产现场进行，因此不便于使用绘图工具和仪器画图，而以徒手、用目测比例画出零件的草图。零件草图是绘制部件装配图和零件工作图的重要依据，必须认真、仔细地绘制。画草图的要求是：图形正确、表达清晰、尺寸齐全，并注写包括技术要求的必要内容。

对标准件（如螺栓、螺母、垫圈、键、销等）不必画零件草图，只要测得几个主要尺寸，根据相应的标准确定其规格和标记，将这些标准件的名称、数量和标记列表即可。除标准件以外的一般零件都必须测绘，画出草图。

零件草图是画零件图的重要依据，因此它必须具备零件图应有的全部内容和要求。

（1）了解分析零件。要将被测零件准确完整地表达清楚，应对被测零件进行详细分析。了解零件的名称、材料以及在部件中的位置与功能，并对零件进行结构形状和制造方法的分析。

（2）确定视图方案。根据形状特征原则，按零件加工位置或工作位置选择主视图，再按零件的内外结构特点选择必要的其他视图，合理采用适当的表达方法，如视图、剖视、断面等。尽可能用较少的视图完整清晰地表达零件的内外形状。

（3）定位布局。布置视图的位置，画出每个视图的中心线、轴线等主要作图基线。

（4）画零件草图。徒手绘出每个视图。

（5）标注尺寸。零件草图画好后，按零件形状、加工顺序和便于测量等因素，确定尺寸基准，画出全部尺寸的尺寸界线和尺寸线。然后逐一量取尺寸，填写尺寸数值。标注零件尺寸时，除了齐全、清晰外，还应考虑：兼顾设计和加工要求，恰当地选取尺寸基准；重要尺寸（如配合尺寸、定位尺寸、保证工作精度和性能的尺寸等）应直接注出；装配体中相邻零件有联系的部分，尺寸基准应统一；两零件相配合的部分，公称尺寸应相同；切削加工部分尺寸的标注，应尽量符合加工要求和测量方便；对于不经切削加工的部分，基本上按形体分析标注尺寸。

（6）尺寸测量。尺寸测量是零件测绘过程中的重要环节。常用的测量工具有钢板尺、外卡尺、内卡钳、游标卡尺和千分尺等。测量尺寸时必须注意：根据零件的精度，选用相应的量具；有配合关系的尺寸，先根据实测尺寸圆整确定公称尺寸，再根据设计功能查阅有关手册确定公差带代号；非配合尺寸，可将测量所得的尺寸适当圆整后确定，其极限偏差可统一注写在技术要求中；对于螺纹、键槽及齿轮的轮齿部分等标准结构，其测量结果应与标准值核对，一般均采用标准的结构尺寸，以便于制造和测量。

（7）确定材料和技术要求：测绘零件时，可根据实物并结合有关资料分析，确定零件的材料和有关技术要求，如尺寸公差、表面粗糙度、几何公差、热处理和表面处理等。

零件测绘中应注意下列事项：锻件、铸件有可能出现的形状缺陷和位置不准确，应在绘制零件草图时予以修正；对于零件上磨损的尺寸要按功能重新确定；零件上的制造缺陷，如砂眼、缩孔、裂纹以及破旧磨损等，画草图时不应画出；零件上的工艺结构，如起模斜度、倒角、退刀槽、砂轮越程槽等，应查有关标准确定；测量尺寸，应根据零件尺寸的精度要求选用相应的量具；有配合要求的尺寸，其公称尺寸及选定的极限偏差数据、公差带应与相配零件的相应部分协调一致。

三、画装配图

零件草图完成后，要根据零件草图和装配示意图画出装配图。画装配图时，应考虑对草图中存在的零件形状和尺寸的不妥之处作必要的修正。

（1）确定表达方案；

（2）确定图纸幅面、绘图比例；

（3）绘制装配图；

（4）填写装配图中的技术要求；

（5）填写标题栏和明细栏。

四、画零件工作图

画零件工作图不是对零件草图的简单抄画，而是根据装配图，以零件草图为基础，调整表达方案、规范画法的设计制图过程。零件工作图是制造零件的依据，因此在零件草图和装配图中对零件的视图表达、尺寸标注以及技术要求等不合理或不完整之处，在绘制零件工作图时都必须进行修正。

在画零件工作图时，要注意以下几个问题：草图中被省略的零件上的细小结构（如零件的倒角、圆角、退刀槽等）画零件工作图时应予以表示；零件的表达方案，如主视图的投射方向等，不一定照搬装配图的表达方案，应作必要调整；装配图中注出的尺寸一般应抄注在相应的零件图中，其他尺寸在装配图中按比例量取。

第七节　AutoCAD 环境下绘制装配图的有关问题

装配图一般较为复杂，完整的装配图是由一组视图、必要的尺寸标注和技术要求、明细栏和标题栏等组成的。在使用 AutoCAD 进行计算机绘图时，为提高作图效率，建立图库是明智的作法。通常将螺钉、螺栓、轴承、弹簧、键与销等标准件和常用件、专业符号、明细栏和标题栏等作成标准图库。

一、用 AutoCAD 由零件图拼画装配图

当对现有装配体进行测绘出图时，最后需要由零件图拼画装配图。绘制装配图必须在完成零件图之后，因此各零件在绘图前应当进行必要的设置，统一图层、线型、线宽、颜色，零件的比例应当一致，为了绘图方便，比例选择为 1∶1。使用 AutoCAD 拼画装配图时，通常是对已绘制的零件图进行一定修改后，采用"插入"命令或多文档间的"复制"和"粘贴"命令来进行。可参见如下步骤：

（1）选定图幅，调用相应样板图。

（2）选择基础零件作为拼画装配图的主体。对选定的基础零件关闭尺寸标注层、文字层、剖面线层等后，使用写块（WBLOCK）命令将其定义为图块，以便调用。把装配图中需要的图形文件存为文件或图块，将文件、图块插入到装配图文件中。

（3）插入其余非标准零件的零件图。同样使用写块（WBLOCK）命令将其定义为图块。在插入前也需对零件图进行必要的编辑和修改，如关闭某些层等；插入后亦应作适当的整理，如对被遮挡部分进行删除、修剪等操作，对零件图中三视图不完整的应补画。

插入前应了解装配关系，注意定位正确，且作图精确。

（4）整理视图。选择合理的表达方案，用三视图表达不清楚的应补画有关视图或剖视图，绘制波浪线和剖面线，应注意相邻两零件剖切后剖面线的方向和间隔应有所区别。

（5）标注必要的尺寸和技术要求。

（6）排列序号，绘制明细栏或调用明细栏属性块并填写文字。

提示：可使用尺寸标注中的"快速引线标注"或"多重引线标注"命令注写零件序号，标注前应先进行设置。具体设置参见第七章相关内容。

（7）检查视图，调整位置，填写标题栏。

注意：在画图的过程中，所有零件图和装配图的图层设置及比例等应保持一致。

二、用 AutoCAD 由装配图拆画零件图

在实际设计过程中，往往是先有装配图，再由装配图拆画零件图。拆画的过程与拼装的过程刚好相反，多采用"复制"和"粘贴"命令来进行，同时绘制者还需要有过硬的专业知识。只有在综合掌握制图知识、投影理论及 AutoCAD 绘图命令，并多进行画图实践，才能够总结出行之有效的简便快捷的适合自己的绘图方法。

第九章 轴 测 图

轴测图是用平行投影的原理绘制的一种图形。这种图形接近于人的视觉习惯，富有立体感。轴测图能同时反映出物体长、宽、高三个方向的尺度，因此在生产中作为辅助图样，用于表达机件直观形象。

第一节 轴测图的基本概念

一、轴测图的形成

将物体（四棱柱）及其直角坐标，沿不平行于任一坐标平面的方向，用平行投影法将其投射在单一投影面上所得的图形称为轴测投影图（轴测图），如图 9-1 所示。投影面 P 称为轴测投影面，坐标轴 O_0X_0、O_0Y_0、O_0Z_0 在轴测投影面上的投影 OX、OY、OZ 称为轴测轴，简称 X、Y、Z 轴。三条轴测轴的交点 O 称为原点。

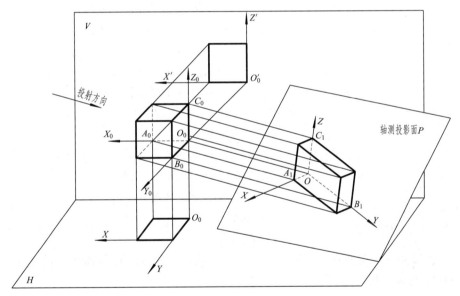

图 9-1 轴测图的形成

二、轴间角和轴向伸缩系数

轴间角。轴测轴之间的夹角，$\angle XOY$、$\angle XOZ$、$\angle YOZ$。

轴向伸缩系数。轴测轴上单位长度与相应坐标轴上的单位长度的比值。X、Y、Z 轴的轴向伸缩系数分别用 p、q、r 表示，从图 9-1 可以看出：

$$p = \frac{OA_1}{O_0A_0}, \quad q = \frac{OB_1}{O_0B_0}, \quad r = \frac{OC_1}{O_0C_0}.$$

三、轴测轴的分类

根据投射方向与轴测投影面的相对位置，轴测图可分为正轴测图和斜轴测图两大类。

1. 正轴测图

投射方向垂直于轴测投影面。正轴测图根据轴向伸缩系数的不同分为以下三种：

（1）正等轴测图（简称正等测）。三个轴向伸缩系数都相等。

（2）正二等测图。只有两个轴向伸缩系数都相等。

（3）正三测图。三个轴向伸缩系数各不相等。

2. 斜轴测图

投射方向倾斜于轴测投影面。

斜轴测图也相应分为斜等轴测图（简称斜等测）、斜二测图、斜三测图。本章只介绍工程上常用的正等测图和斜二测图。

第二节 正 等 测 图

一、正等测图的轴间角和轴向伸缩系数

正等测图的三个轴间角相等，即

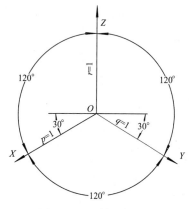

图 9-2 正等测轴间角
和各轴简化伸缩系数

$$\angle XOY = \angle XOZ = \angle YOZ = 120°$$

正等测图的轴向伸缩系数也相等，即

$$P = q = r \approx 0.82$$

为了作图方便，采用 $P=q=r=1$ 的简化轴向伸缩系数，即凡是平行于坐标轴的尺寸都按原尺寸作图，但画出的图形沿各轴向的长度都放大了 $1/0.82 \approx 1.22$ 倍，但不影响其立体感。

作图时，通常将 OZ 轴画成铅垂线，使 OX、OY 轴与水平呈 30°角，如图 9-2 所示。

二、正等测图的画法

1. 坐标法

作图步骤：

（1）根据形体的结构特点，选取坐标原点，一般定在物体的对称轴线上，且放在顶面或底面，对作图较为有利。

（2）画轴测轴。

（3）按点的坐标作点、直线的轴测图，一般自上而下，根据轴测投影的基本性质，逐步作图，不可见的线通常不画。

【例 9-1】 根据正投影图，绘制正六棱柱的正等测图，如图 9-3（a）所示。

作图步骤：

（1）确定顶面的中心为原点，作轴测轴，在其上量得 1_1、2_2 和 A、B，如图 9-3（b）所示；

（2）通过 1_1、2_2 作 X 轴的平行线，量得 C、D、E、F，连成顶面，如图 9-3（c）所示；

（3）由 A、C、D、E 沿 Z 轴向下量取棱柱高，得 G、H、J、I，如图 9-3（d）所示；

（4）连接 G、H、I、J，加粗可见轮廓线，如图 9-3（e）所示。

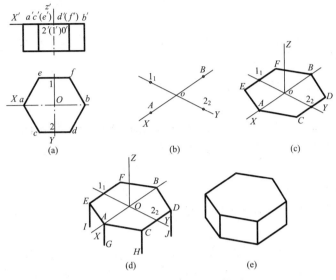

图 9-3 作正六棱柱的正等测图

2. 叠加法

当物体是由几个基本形体叠加而成，可以按照各部分的相对位置关系逐一画出叠加部分，即得物体的轴测图。

【例 9-2】 求作图 9-4（a）所示物体的正等测图。

解 该物体可以看成是由大长方体上叠加一个小长方体和一个三棱柱组成。作图时先画大长方体，确定其右后下角为坐标原点，然后根据它们的相对位置关系分别画出其轴测图。

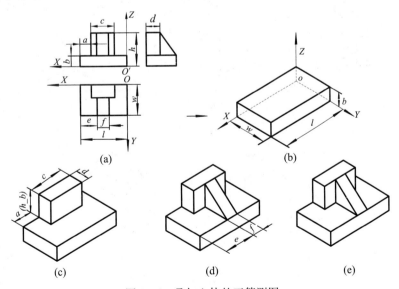

图 9-4 叠加立体的正等测图

作图步骤：

（1）画轴测轴，按尺寸 l、w、b 画出大长方体的正等测图，如图 9-4（b）所示；

（2）根据尺寸 a，定出小长方体的位置，然后根据 c、d、$(h-b)$ 画出小长方体正等测图，如图 9-4（c）所示；

（3）根据尺寸 e，定出三棱柱与大长方体的位置，根据 f 画出三棱柱的正等测图，如图 9-4（d）所示；

（4）整理、加深完成作图，如图 9-4（e）所示。

3. 切割法

对于某些带有缺口的物体，可先画出未被切割前完整形体的轴测图，再按物体形成的过程逐一切去多余的部分，从而完成物体的轴测图。

【例 9-3】 求作图 9-5（a）所示物体的正等测图。

解 该物体左上方被一个正垂面切割，前上方再被一个水平面和一个正平面切割。画图时可先画出完整的长方体，然后画出切割部分。确定右后下角点为原点。

作图步骤：

（1）按尺寸 36、25、20 作出长方体的正等测图，如图 9-5（b）所示；

（2）根据尺寸 8、18 画出长方体左上角被正垂面切割后的正等测图，如图 9-5（c）所示；

（3）再根据尺寸 10、16 画出长方体前上方被水平面和正平面切割后的正等测图，如图 9-5（d）所示；

（4）整理、加深完成作图，如图 9-5（e）所示。

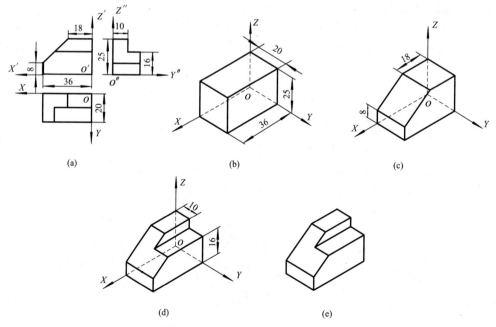

图 9-5 带切口立体的正等测图

三、平行于坐标面的圆的正等测图的画法

1. 圆的画法

平行于坐标面的圆，其正等测图为椭圆。分别平行于三个坐标平面的圆的正等测图，如图 9-6 所示，其形状大小完全相同，但方向各不相同，各椭圆的长轴与菱形的长对角线重合，短轴与菱形的短对角线重合，即长轴垂直于相应的轴测轴，短轴平行于相应的轴测轴。为了简化作图，该椭圆常采用四段圆弧连接近似画出。

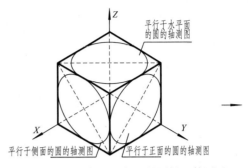

图 9-6 平行于坐标面的圆的正等测图

平行于坐标面的圆的正等测图作图步骤：

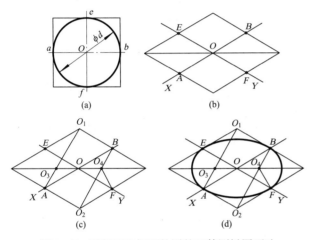

图 9-7 平行于坐标面的圆的正等测椭圆画法

（1）通过圆心 O 作坐标轴和圆的外切正方形，切点为 a、b、e、f，如图 9-7（a）所示；

（2）作轴测轴 X、Y 和切点 A、B、E、F，通过这些点作外切正方形的轴测菱形，并作长对角线，如图 9-7（b）所示；

（3）过 A、B、F 作各边的垂线，交得圆心 O_1、O_2、O_3、O_4，O_1、O_2 即为短对角线的顶点，O_3、O_4 在长对角线上，如图 9-7（c）所示；

（4）分别以 O_1、O_2 为圆心，以 O_1A 为半径作弧 AF 和 BE；再以 O_3、O_4 为圆心，以 O_3A 为半径作弧 AE 和 BF，连成近似椭圆，如图 9-7（d）所示。

2. 圆角的画法

圆角是圆的四分之一，其正等测画法与圆的正等测画法相同。

【例 9-4】 求作如图 9-8（a）所示物体的正等测图。

解 作图步骤：

(1) 在视图上定出圆弧半径和作切线（即方角），定出切点 a、b、c、d，如图 9-8（a）所示。

(2) 确定其上表面的右上角为坐标原点，画出长方体的正等测图，沿圆角的两边分别截取半径 R，得到切点 A_1、B_1、C_1、D_1，如图 9-8（b）所示。

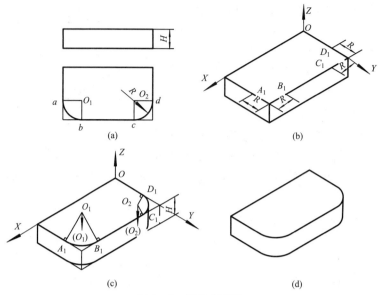

图 9-8　圆角的画法

（3）过切点 A_1、B_1、C_1、D_1 分别作各边的垂线，两垂线的交点分别为 O_1、O_2，即为近似圆弧的圆心。分别以 O_1A_1、O_2C_1 为半径画圆弧 A_1B_1、C_1D_1，将圆心、切点都平行下移板厚距离 H，以顶面相同的半径画弧，即完成圆角的作图，如图 9-8（c）所示。

（4）整理、加深完成作图，如图 9-8（d）所示。

第三节　斜　二　测　图

在斜轴测投影中，投射方向倾斜于轴测投影面。如图 9-9（a）所示，将坐标轴 O_0Z_0 放成铅垂位置，当物体的一个坐标面 $X_0O_0Z_0$ 放置成与轴测投影面平行，按一定的投射方向进行投影，则所得的图形称为斜二测图。

一、斜二测图的轴间角和轴向伸缩系数

斜二测图的轴间角：$\angle XOZ = 90°$，$\angle XOY = \angle YOZ = 135°$，如图 9-9（b）所示。

斜二测图的轴向伸缩系数：$p = r = 1$，$q = 0.5$。

在斜二测图中，形体的正面形状能反映实形，因此，如果形体上仅在正面有圆或圆弧，用斜二测图表达直观、形象，这是斜二测图的一大优点。

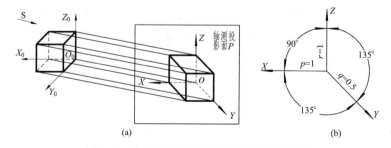

图 9-9　斜二测图的轴间角和轴向伸缩系数

二、斜二测的画图

正等测的作图方法，对斜二测同样适用，只是轴间角和轴向伸缩系数不同而已。

【例 9－5】 求作如图 9－10（a）所示组合体的斜二测图。

解 组合体由圆柱和底板叠加而成，并且沿圆柱轴线上下、左右对称，作图步骤如图 9－10所示。

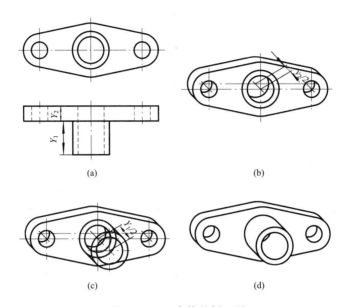

图 9－10 组合体的斜二测

（a）正投影图；（b）画厚度为 Y_2 的底板，圆心后移 $Y_2/2$，画面部轮廓，作外轮廓的切线；

（c）画长度为 Y_1 的圆筒，圆心前移 $Y_1/2$，画圆筒的内、外圆，作外轮廓的切线，

画出后部可见轮廓；（d）整理、加深完成作图

参 考 文 献

［1］ 万静，许纪倩. 机械制图与设计简明手册. 北京：中国电力出版社 2014.

［2］ 邹玉堂. AutoCAD2014 实用教程. 4 版. 北京：机械工业出版社，2013.

［3］ 赵剑波，孟强. AutoCAD2014 中文版工程制图实用教程. 北京：机械工业出版社，2015.

［4］ 魏伟. 画法几何及机械制图. 北京：北京邮电大学出版社，2013.

［5］ 王静，等. 机械制图与公差测量实用手册. 北京：机械工业出版社，2011.